できるポケット

アウトルック
Outlook 2019
基本&活用マスターブック

Office2019/Office365 両対応

山田祥平 & できるシリーズ編集部

インプレス

できるシリーズは読者サービスが充実！

できるサポート

本書購入のお客様なら無料です！

わからない操作が解決

書籍で解説している内容について、電話などで質問を受け付けています。無料で利用できるので、分からないことがあっても安心です。

詳しい情報は 206ページへ

ご利用は3ステップで完了！

ステップ1 書籍サポート番号のご確認

定価：本体 0,000円＋税

書籍サポート番号 000000

チェック！

対象書籍の裏表紙にある6けたの「書籍サポート番号」をご確認ください。

ステップ2 ご質問に関する情報の準備

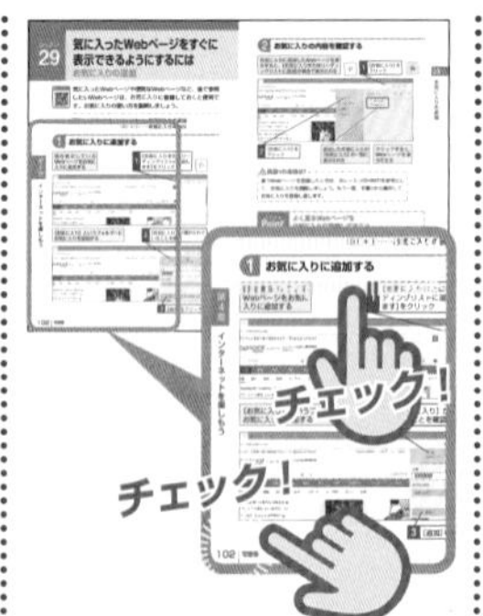

あらかじめ、問い合わせたい紙面のページ番号と手順番号などをご確認ください。

ステップ3 できるサポート電話窓口へ

●電話番号（全国共通）

0570-000-078

※月～金 10:00～18:00
土・日・祝休み

※通話料はお客様負担となります

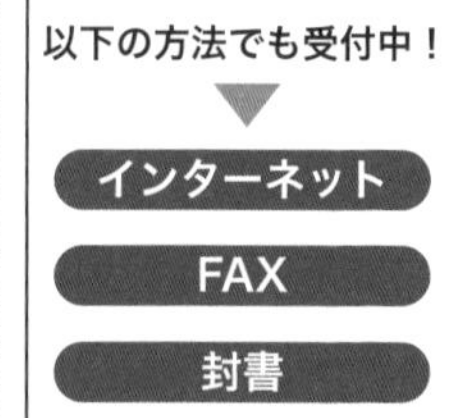

できるネット 解説動画

操作を見てすぐに理解

一部のワザで解説している操作を動画で確認できます。画面の動きがそのまま見られるので、より理解が深まります。動画を見るには紙面のQRコードをスマートフォンで読み取るか、以下のURLから表示できます。

本書籍の動画一覧ページ
https://dekiru.net/outlook2019p

パソコンで見る！

スマホで見る！

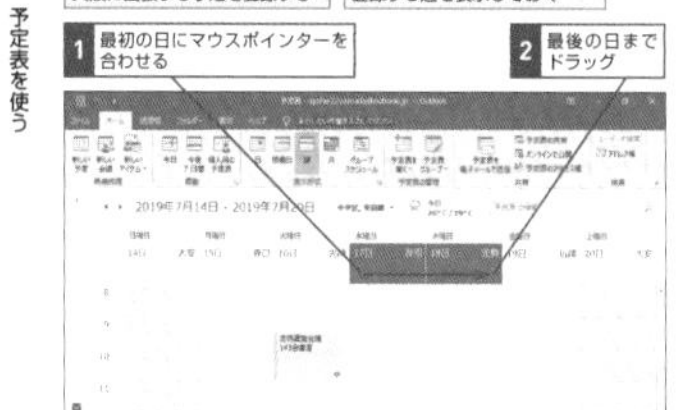

レッスン 29
数日にわたる出張の予定を登録するには
イベント
終日の予定は「イベント」として登録するといいでしょう。出張や展示会などの予定をイベントとして入力すれば、時間帯で区切った予定とは別に管理できます。
ショートカットキー Alt + S ……保存して閉じる
1 数日にわたる期間を選択する
ここでは、7月18日～19日に大阪に出張する予定を登録する
レッスン25を参考に、予定を登録する週を表示しておく
1 最初の日にマウスポインターを合わせる
2 最後の日までドラッグ
Hint!
入力済みの予定を終日の予定に変更するには
開始時刻を指定した予定も、後から終日の予定に変更できます。アイテムをダブルクリックして開き、[開始時刻] の [終日] をクリックしてチェックマークを付けます。
110 できる

 本書の読み方

レッスン

見開き完結を基本に、やりたいことを簡潔に解説しています。
各レッスンには、操作の目的を表すレッスンタイトルと機能名で引けるサブタイトルが付いているので、すぐに調べられます。

左ページのつめでは、章タイトルでページを探せます。

Hint!

レッスンに関連したさまざまな機能や一歩進んだテクニックを説明しています。

レッスン
11
メールを読むには
すべてのフォルダーを送受信

自分宛にメールが届いていないか確認してみましょう。このレッスンでは、［すべてのフォルダーを送受信］ボタンを利用して新着メールの有無を確認します。

第2章 メールを使う

ショートカットキー　Ctrl＋<……前のアイテム
Ctrl＋>……次のアイテム
F9……すべてのフォルダーを送受信

1 ［受信トレイ］フォルダーを表示する

［受信トレイ］を表示する

1 ［受信トレイ］をクリック

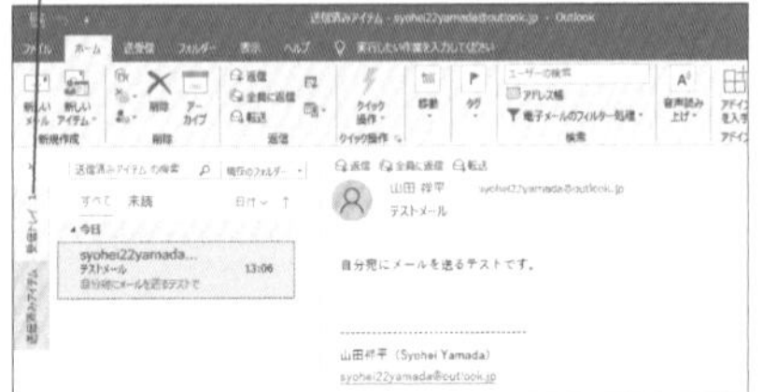

Hint!
メールは自動的に受信される
クラウドメールサービスではメールが自動的に送受信されます。通常は、特に送受信の操作を行う必要はありません。すぐに届くはずのメールが届かない場合などに、手動での送受信を試しましょう。

50 できる

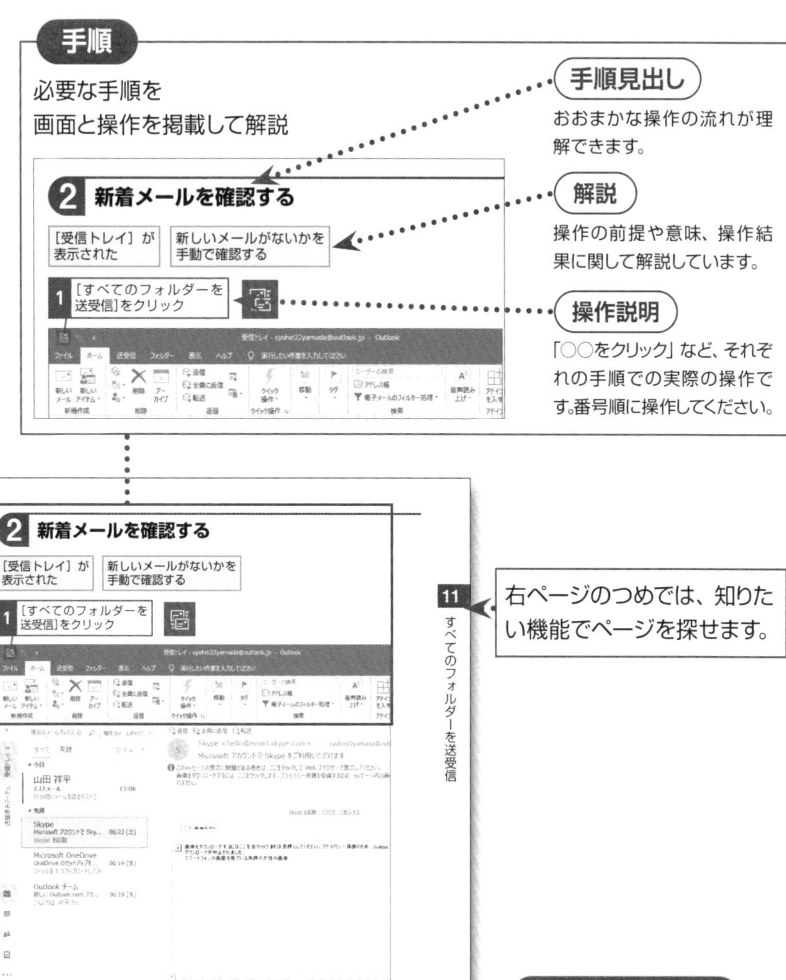

手順
必要な手順を
画面と操作を掲載して解説
手順見出し
おおまかな操作の流れが理解できます。
解説
操作の前提や意味、操作結果に関して解説しています。
操作説明
「○○をクリック」など、それぞれの手順での実際の操作です。番号順に操作してください。
2 新着メールを確認する
[受信トレイ] が表示された
新しいメールがないかを手動で確認する
1 [すべてのフォルダーを送受信]をクリック
11
すべてのフォルダーを送受信
右ページのつめでは、知りたい機能でページを探せます。

間違った場合は?

間違った操作をしたときの対処法を解説しています。

⚠間違った場合は?

[Mail Delivery Subsystem] という差出人から英語のメールが届いた場合は、宛先に入力した自分のメールアドレスが間違っていた可能性があります。もう一度、レッスン10からやり直してください。

次のページに続く

できる 51

※ここに掲載している紙面はイメージです。実際のレッスンページとは異なります。

目次

第2章 メールを使う 33

第3章 予定表を使う 93

第4章 タスクを管理する 125

第5章 情報を相互に活用する 139

第6章 情報を整理して見やすくする 157

●本書に掲載されている情報について

・本書で紹介する操作はすべて、2019年10月現在の情報です。

・本書では、「Windows 10」と「Office Home & Business 2019」がインストールされているパソコンで、インターネットに常時接続されている環境を前提に画面を再現しています。

・本書は2019年11月発刊の『できるOutlook 2019 Office 2019/Office365両対応 ビジネスに役立つ情報共有の基本が身に付く本』の一部を再編集し構成しています。重複する内容があることを、あらかじめご了承ください。

第1章

Outlookの準備をする

Outlookは、毎日の生活の中で生まれる各種の個人情報を管理するためのアプリケーションです。Outlookを使い始めるにあたり、アプリケーションの概要を知っておきましょう。この章では、利用しているパソコンの状況に応じて、Outlookを使い始めるための前準備をします。

レッスン
1

Outlookの特徴を知ろう

Outlookでできること

毎日のスケジュールや仕事、メモ、メールなど、私たちの身の回りにはさまざまな情報があります。ここでは、Outlookでできることをいくつか紹介します。

メールでやりとりする情報を管理できる

Outlookは、メールや連絡先、予定を管理できる高機能なアプリケーションです。職場や学校で使われているExchangeサービスやOutlook.com、Gmailなどのクラウドサービスを利用できます。Outlookを使えばメールを色分けして分類したり、仕分けルールを利用して特定のメールをフォルダーに自動分類したりすることができます。

差出人や内容に応じてメールを整理できる

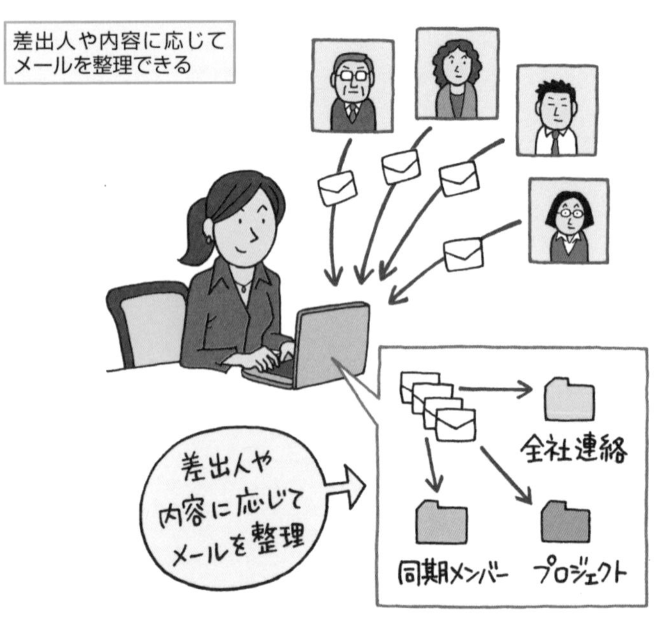

予定やスケジュールを管理できる

Outlookに予定を入力しておけば、1日単位や週単位、月単位ですぐに確認できます。予定を入力すると、予定時刻の前にアラームが表示されるので大切な予定を忘れてしまうこともありません。メールでやりとりした打ち合わせや会議の約束を確認しつつ、すぐに予定表に画面を切り替えてスケジュールを確認できます。

月単位や週単位など、さまざまな形式で予定を確認できる

次のページに続く

タスク管理に役立つ

Outlookでは、単なる予定の追加や確認だけでなく、特定の期限内にやらなくてはいけない作業や仕事を管理できます。作業のリストや期限を設定し、やらなければいけない作業をOutlookに登録しておけば、自分や周りを取り巻く状況を知り、作業や仕事全体を把握できます。毎週部署やチームで行う会議や打ち合わせなど、定期的なイベントとそれ以外の作業がひと目で確認できて便利です。

Hint!

ほかのメールアプリとは何が違うの？

Outlookはデスクトップで利用できるメールアプリです。Windows 10にはデスクトップでも使えるメールアプリが標準で用意されていますが、Outlookほど高機能ではありません。Outlookはメールのやりとりだけでなく、予定表やタスク管理、住所録などのデータを扱うことができ、それらを連携して利用できる個人情報管理ソフトなのです。

手帳やスケジュール帳より便利なの？

手帳やメモに残した情報は、複製を残すことや更新がしにくいという難点があります。関連情報を転記するのも大変で、重要な情報を見落としてしまいがちです。スケジュール帳の場合、記入スペースが決まっているため、たくさんの用件を書き切れないこともありますが、Outlookを使えばそういったことはありません。また、データはクラウドに保存されているため、スマートフォンやタブレット、異なるPCなど、さまざまなデバイスから同じデータを扱うことができる点も便利です。

スケジュール帳でも予定や作業リスト、住所録などを確認できるが、用件を書き切れない場合があり、更新も面倒

Point 個人情報をOutlookで管理しよう

メールを使ってさまざまな情報がやりとりされるようになった現在では、予定や仕事の多くはメールがきっかけで発生するようになっています。メールを起点としたコミュニケーションが多い場合、個人情報は、紙の手帳よりも、パソコンで管理した方が、ずっと便利です。詳しくは第2章以降で解説しますが、Outlookを使えばコミュニケーションと、それに派生する予定や仕事、連絡先などを、統合的に管理できます。

レッスン
2

利用するメールサービスを確認しよう
サービスの種類と利用方法

Outlookを使うにはインターネットを経由したメールを受け取るためのクラウドサービスが必要です。自分が使っているメールサービスを確認しておきましょう。

Outlookが接続できるメールサービス

メールサービスはインターネットに接続するために契約しているプロバイダーが提供するもの、ドコモやauといった携帯電話事業者が提供するもの、マイクロソフトやグーグルなどインターネット関連サービス各社が個人用に提供するもの、企業や学校が自前で提供、またはクラウドサービスとして契約しているものなどの形態があります。そのほとんどのメールは、Outlookで読むことができます。それぞれのサービスに特徴があり、メールの設定手順も異なります。
本書で解説している操作は基本的にどのサービスでも利用できますが、特定のサービス向けの解説もあるので、次ページの図で確認してください。
まだメールアカウントを持っていない方は、付録1を参考にOutlook.comのアカウントを取得してください。

クラウドで情報を管理しよう

Outlookで扱うメールや個人情報の置き場所は、普段使っているパソコンに置く方法と、クラウドサービスに預かってもらう方法の2種類が用意されています。いろいろな情報をクラウドサービスに置いておけば、パソコンの買い換えや故障などにおいても面倒な移行の作業が必要ありません。

●代表的なメールサービス

Outlook.com

例 ○△×@outlook.jp

メールの設定方法→**レッスン❸**

Gmail

例 ○△×@gmail.com

Googleが提供しているメールサービスです。OutlookではGmailはもちろん、Googleアカウントの予定表を読み込むこともできます

キャリアメール

例 ○△×@docomo.ne.jp
　○△×@i.softbank.jp

携帯電話事業者各社がスマートフォン／フィーチャーフォン向けに提供しているメールサービスです。ドコモ、ソフトバンクのメールをOutlookで扱うことができます。

企業や学校のメール

例 ○△×@（企業名）.co.jp

一部の企業や学校では、Microsoft Exchangeというメールサービスを使っています。このメールサービスはOutlookの便利な機能をフルに使いこなせます

メールの設定方法→**レッスン❸**
予定表や会議の共有方法→**第7章**

プロバイダーのメールサービス

例 ○△×@xxx.biglobe.ne.jp
　○△×@aa2.so-net.ne.jp

インターネットサービスプロバイダーが提供しているメールサービスです

次のページに続く

Outlook.comの活用

クラウドサービスにデータを預かってもらうことで、複数台のパソコン、そして日常的に携帯しているスマートフォン、またはタブレットなど、機器やOSを問わずに単一の情報にアクセスできるようになります。本書では、マイクロソフトが提供するOutlook.comのサービスを使い、メールや予定表のデータをクラウドサービスに置くことを前提に説明を進めます。

Windows 10のサインインに必要なMicrosoftアカウントは、Outlook.comのアカウントとしても使えるほか、新規に取得した場合はメールアドレスとしても使えます。

Outlook 2019でメールや連絡先、予定を一括管理する

Outlook.comを介して、パソコンとスマートフォン、タブレットなど複数の機器間で常に最新のメールや連絡先、予定を共有できる

クラウドサービスって何？

インターネット上にデータを預け、Webブラウザーやアプリを使って参照できるサービスです。グーグルのGmailや、Yahoo!メール、アップルのiCloudメールなど、さまざまなサービスが無料で提供されています。

Hint!

Outlook.comって何？

マイクロソフトが提供するクラウドサービスです。本書で紹介しているOutlook 2019との親和性が高く、メールはもちろん、予定表やタスク、連絡先を保存でき、さまざまな機器からそのデータを利用できます。しかも、データの保存容量に制限はありません。

Hint!

Exchange OnlineならOutlook 2019と完全に連携できる

無料のサービスであるOutlook.comでは、Outlook 2019のすべてのデータをクラウドと連携できるわけではありません。有料サービスであるExchange Onlineなら、Outlook 2019で扱うすべてのデータを扱えます。メモや下書きなどの特殊なフォルダーのデータやTo Doバーのタスクリストなど、Outlookのフル機能を使えます。Exchange Onlineにはいくつかのプランがありますが、一番安いプランでは、1ユーザーあたり月額430円（税抜）で利用できます。

レッスン 3

Outlookを起動するには

Outlookの起動

スタートボタンで表示されるメニューからOutlookを起動しましょう。初回の起動時には、初期設定のための画面が表示されます。

ショートカットキー ［Windows］／［Ctrl］+［Esc］……スタート画面の表示
［Ctrl］+［Tab］……アプリ画面の表示

1 Outlookを起動する

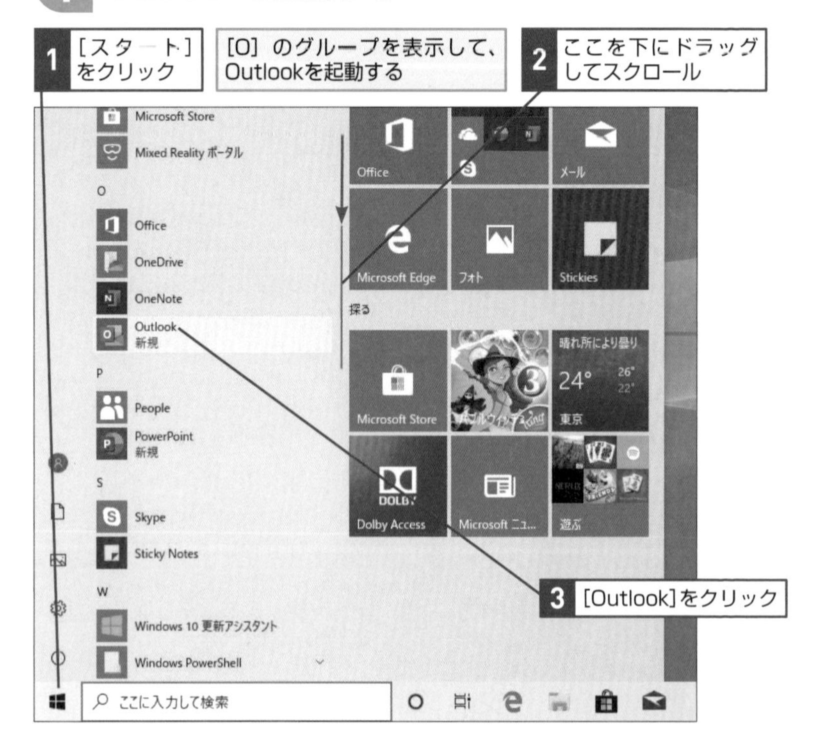

1	[スタート]をクリック

[O] のグループを表示して、Outlookを起動する

2	ここを下にドラッグしてスクロール

2 Outlookが起動した

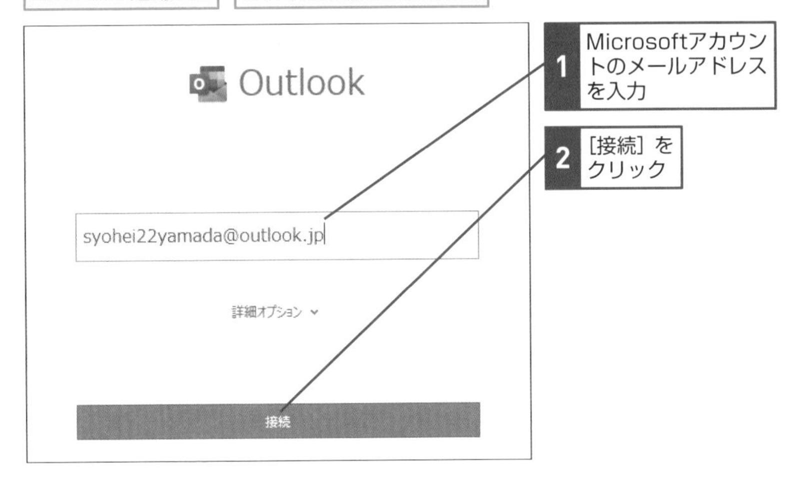

Outlookが起動した
Outlookの初期設定を行う
Outlook
syohei22yamada@outlook.jp
詳細オプション
接続
1 Microsoftアカウントのメールアドレスを入力
2 [接続] をクリック

3 パスワードを設定する

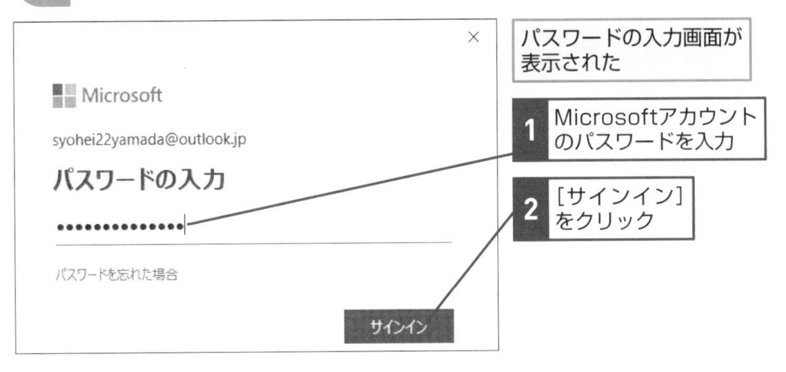

パスワードの入力画面が表示された
Microsoft
syohei22yamada@outlook.jp
パスワードの入力
パスワードを忘れた場合
サインイン
1 Microsoftアカウントのパスワードを入力
2 [サインイン] をクリック

⚠間違った場合は?

手順3で［サインイン］ボタンをクリックしてエラーが表示されたときは、入力したパスワードが間違っている可能性があります。正しいパスワードを入力しましょう。

次のページに続く

4 デバイスとの連携を設定する

MicrosoftアカウントをWindowsに記憶させるか確認される

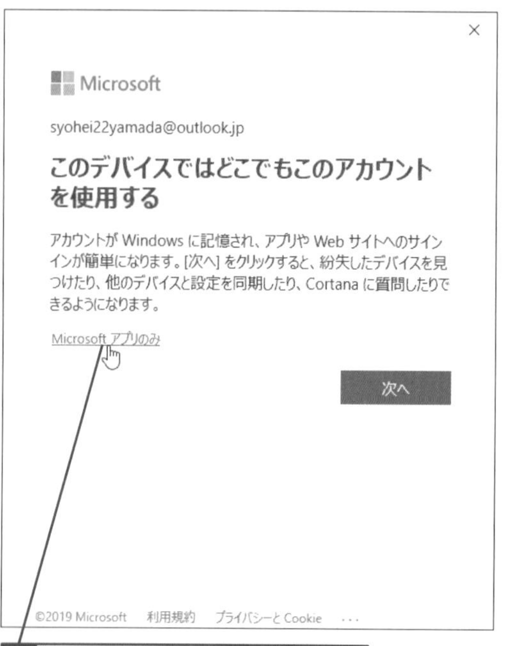

1 [Microsoftアプリのみ]をクリック

Hint!

メールアドレスの仕組みを知ろう

メールアドレスは「@」(アットマーク)を間に挟み、「アカウント名@組織名」という形をしています。組織名は一般にドメイン名とも呼ばれます。組織名には「xxx.yyyyy.ne.jp」というように、利用しているプロバイダー名や会社名などが入ります。なお、多くの場合、ドメイン名の前に、サブドメイン名が入ります。@の左側のアカウント名は、組織内で個人を識別するために使われます。

5 設定を完了する

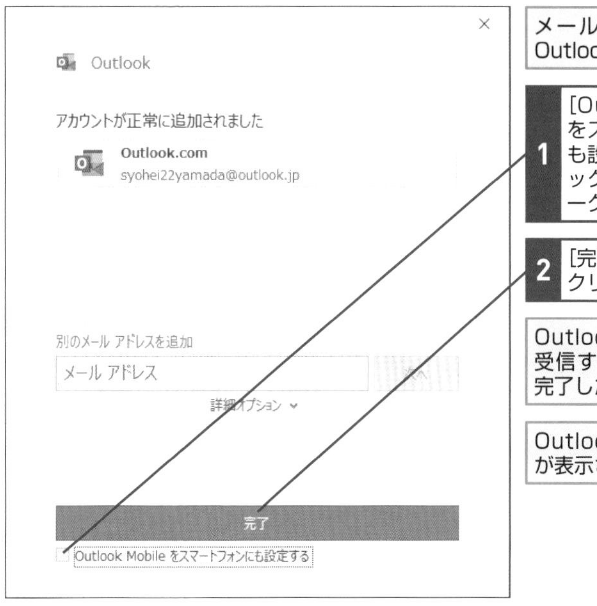

メールアカウントがOutlookに追加された

1 [Outlook Mobileをスマートフォンにも設定する] をクリックしてチェックマークをはずす

2 [完了] をクリック

Outlookでメールを送受信するための設定が完了した

Outlookのウィンドウが表示される

Point クラウドで情報を管理できるようにする

このレッスンでは、クラウドサービスのOutlook.comにメールや情報が蓄積され、それをパソコンのOutlookで読み書きできるようにMicrosoftアカウントのメールアドレスをOutlookに登録しました。クラウドサービスの利用には、インターネット接続が必要ですが、Outlookはクラウドにあるデータのコピーをパソコンに保持し、双方を同期させます。クラウド側にオリジナルがあり、パソコン側にそのコピーがあるというイメージです。こうしておくことで、別のパソコンやスマートフォンなどからでも、同じデータを扱うことができるようになります。なお、コピーは既定で過去1年分が同期されます。

レッスン 4

Outlook 2019の画面を確認しよう

各部の名称と役割

Outlookは入力済みの個人情報を整理してウィンドウに表示します。ウィンドウは複数の領域に分割され、効率よくデータを利用できるようになっています。

Outlook 2019の画面構成

Outlookのウィンドウは「ペイン」と呼ばれる複数の領域に分かれています。ナビゲーションバーで表示する項目の種類を切り替え、上部のリボンを使って各種の操作を行います。本書のレッスンを通して、使用頻度の高い機能から順に覚えていきましょう。

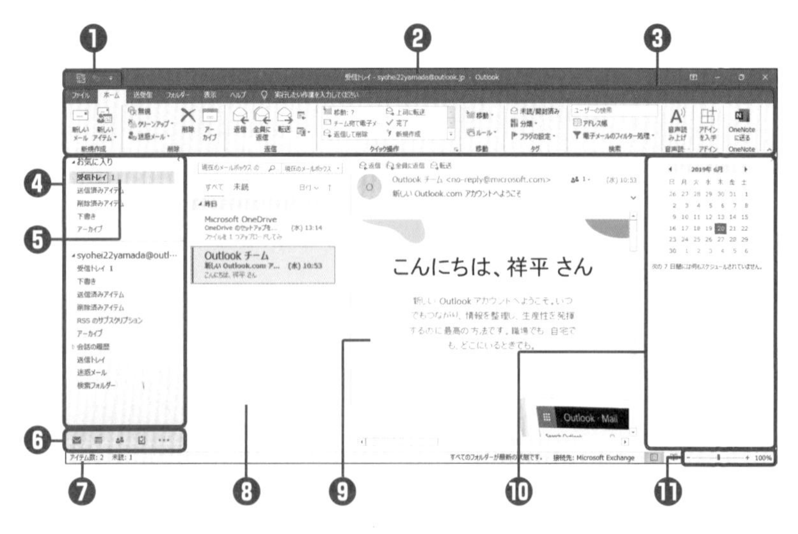

注意 本レッスンでは、画面の解像度が1366×768ドットの状態でOutlookを表示しています。また、本書のそれ以外のレッスンでは、画面の解像度が1024×768ドットの状態でOutlookを表示しています。画面の解像度によって、リボンの表示やウィンドウの大きさが異なります

❶クイックアクセスツールバー
頻繁に使う機能のボタンをタイトルバーの左端に並べておき、素早く使えるツールバーとして利用できる。任意のボタンを自分で追加することもできる。

❷タイトルバー
アプリケーション名であるOutlookと、そのウィンドウが今開いているOutlookのフォルダー名が表示される。ダブルクリックするとウィンドウを最大化できる。

❸リボン
複数のタブが用意され、タブグループごとに機能がボタンとして表示されるメニュー領域。タブをクリックすることでタブグループを切り替え、目的の機能を選択して作業する。

❹フォルダーウィンドウ
ナビゲーションバーで選択した項目のフォルダーが一覧で表示される。作業の邪魔にならないように、ウィンドウを折り畳むこともできる。

❺フォルダー
受信したメールや送信したメール、削除したメールなどが分類されている。必要に応じて自分で作ることもできる。

❻ナビゲーションバー
メールや予定表、連絡先、タスクなどOutlookの機能を切り替える領域。ウィンドウサイズに応じて表示が変わる。

❼ステータスバー
アイテムの総数や未読数、フォルダーの状態などの詳細情報が表示される。

❽ビュー
アイテムの一覧表示領域。ビューを切り替えることで、格納されているアイテムをいろいろな方法で表示できる。

❾閲覧ウィンドウ
選択したアイテムの内容を表示する領域。画面の右や下に表示できるほか、非表示にすることもできる。

❿To Doバー
予定表と連絡先、タスクの3つの機能から選択し、それぞれのアイテムから直近に必要なものが表示される領域。非表示にすることもできる。

⓫ズームスライダー
左右にドラッグすることで、画面の表示をズームすることができる。[拡大] ボタンや [縮小] ボタンで10%ごとに表示の拡大や縮小ができる。[ズーム] をクリックすると、[ズーム] ダイアログボックスが表示される。

レッスン 5

管理できる情報の種類を確認しよう

アイテム、フォルダー、ビュー

Outlookで管理できる情報は、すべてがアイテムという単位で管理されます。それぞれのアイテムは、それが格納されたフォルダーごとに見え方が異なります。

アイテムとビューの関係を知ろう

Outlookには「外観」という意味があります。Outlookで管理されるデータの1つ1つは「アイテム」と呼ばれ、どのフォルダーにあるかに応じて、Outlookが適切な外観を与えます。この「フォルダーに応じてアイテムの見え方を変える」ものが「ビュー」です。メールが受信トレイに届き、予定を予定表に書き込むという操作は、これらのビューのおかげで分かりやすく操作できるようになっています。「アイテムがあるフォルダーの種類によって見え方が変わる」という考え方は、今後、Outlookを使っていく上で、極めて重要な役割を果たします。

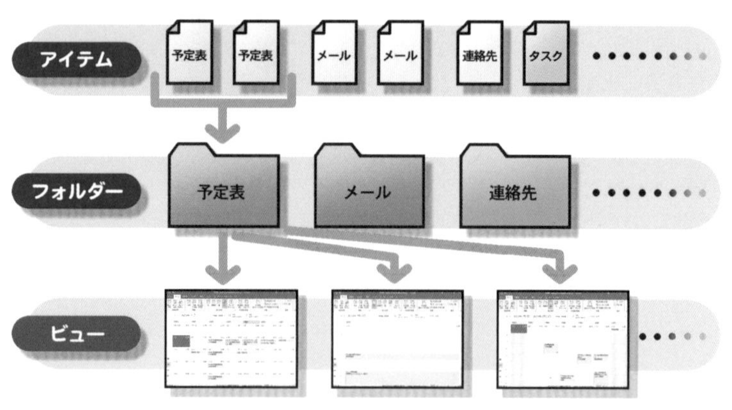

Outlookで利用できるフォルダー

Outlookには、メールや予定、連絡先といった数多くの情報を効率よく管理するために、下の画面にあるようなフォルダーが用意されています。情報の種類に応じたフォルダーに入れておくことで、最適の表示画面で内容を参照することができるのです。フォルダーを上手に使い分けて、Outlookで情報を管理していきましょう。

◆[受信トレイ]フォルダー
送受信したメールの閲覧や保管ができる

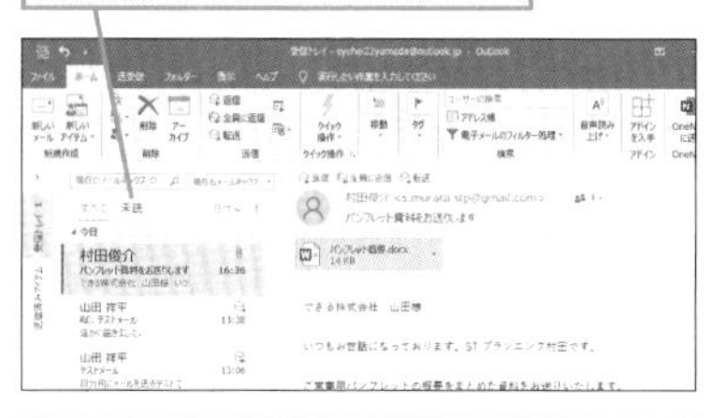

◆[予定表]フォルダー
今日の予定や数カ月先のイベントや毎年の記念日など、あらゆる予定を入力して管理できる

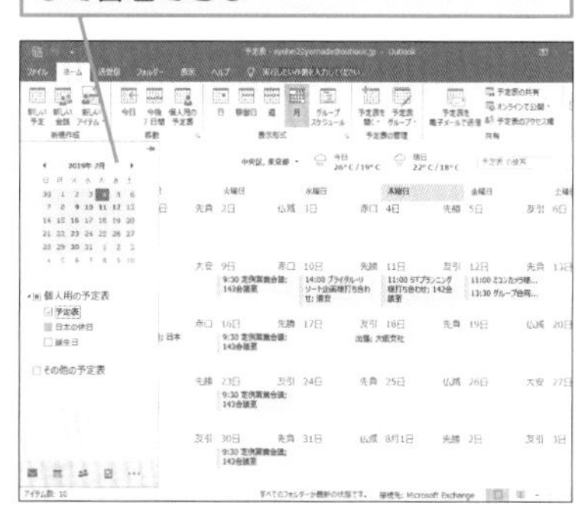

◆[連絡先]フォルダー
住所やメールアドレスなどの情報を入力し、必要な情報を一覧にして参照できる

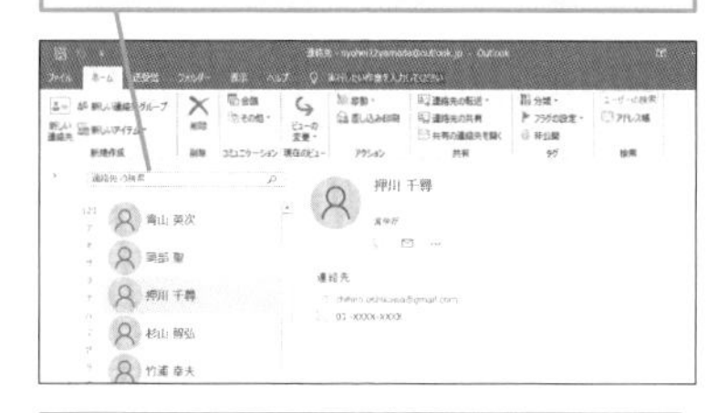

◆[タスク]フォルダー
忘れてはいけない作業を入力し、それぞれに期限や優先度を設定して一覧で管理できる

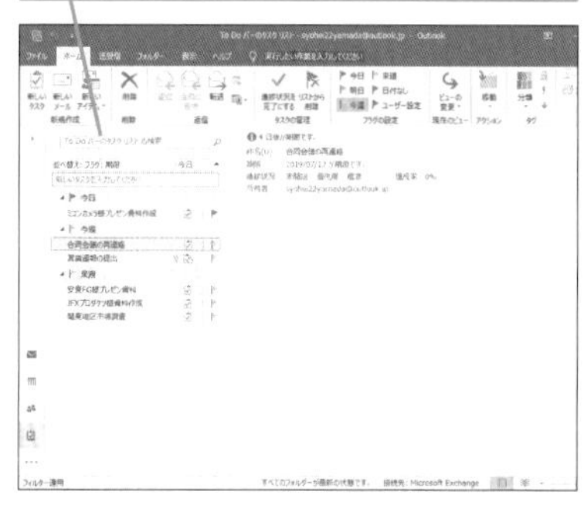

◆[メモ]フォルダー
覚え書きなど、予定や仕事に分類できない情報を保存できる

レッスン 6

Outlookを終了するには

Outlookの終了

Outlookの終了方法は、ほかのアプリケーションと同様です。複数の方法で終了できるので、そのときの状況に応じて各方法を使い分けましょう。

ショートカットキー Alt＋F4……終了

リボンから終了する

1 [ファイル]タブをクリック

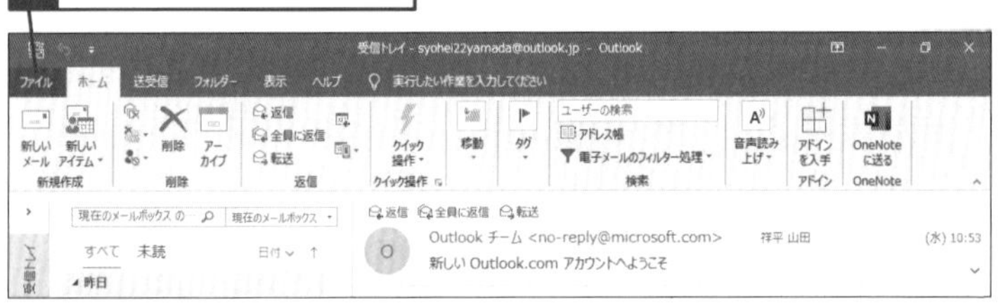

Outlookが終了し、デスクトップが表示される

タスクバーのボタンが消える

[閉じる] ボタンから終了する

1 [閉じる]をクリック

Outlookが終了する

タスクバーから終了する

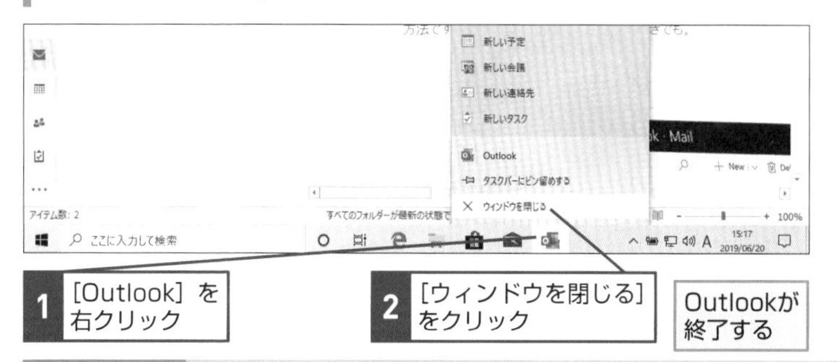

Point 常にOutlookを起動しておこう

インターネットで情報収集、ワープロでの資料作成、デジタルカメラの写真整理など、パソコンでの作業は多岐にわたります。こうした作業中にも、瞬時にOutlookで管理している個人情報を参照できるようにしておきたいものです。いちいちOutlookを起動しているのでは、素早く情報を参照できないだけでなく、新着メールの着信にも気付けません。したがって、Outlookは起動したままにしておくことをお薦めします。ウィンドウが邪魔に感じる場合は、[最小化]ボタンで最小化しておけばいいでしょう。また、32ページのステップアップ！を参考にOutlookのボタンをタスクバーにピン留めしておけば、素早くウィンドウを元の状態に戻せます。

ステップアップ！

デスクトップから起動できるようにするには

Windows 10でOutlookのボタンをタスクバーに登録しておくと、ボタンをクリックするだけで、すぐにOutlookを起動できるようになります。なお、タスクバーからOutlookのボタンを削除するには、タスクバーのボタンを右クリックして、[タスクバーからピン留めを外す] をクリックします。

[スタート]メニューを表示しておく

1 [Outlook]を右クリック

2 [その他]をクリック

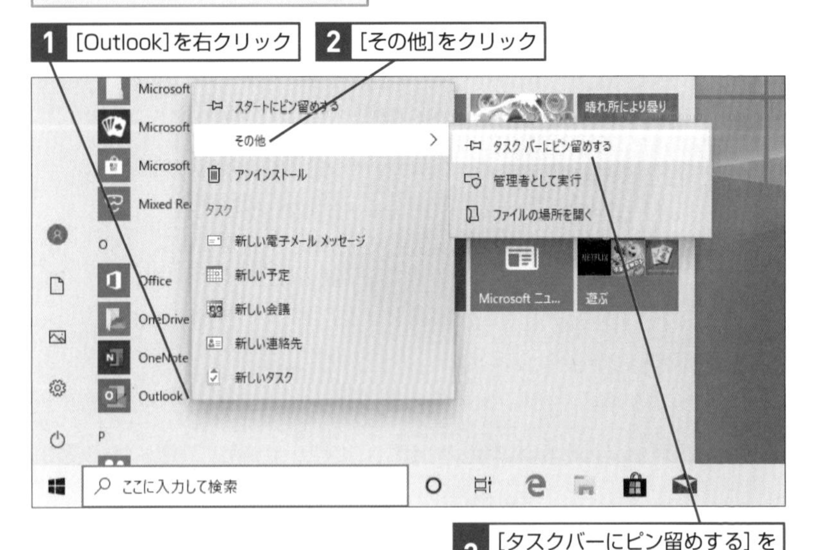

3 [タスクバーにピン留めする] をクリック

タスクバーにボタンが表示された

ボタンをクリックすれば Outlookを起動できる

第2章

メールを使う

現代社会のコミュニケーションにおいて、メールはもはや欠かせない手段になりました。まずは、この章で、Outlookでメールをやりとりする基本的な方法をマスターしましょう。

レッスン 7

メールをやりとりする画面を知ろう

受信トレイの役割

メールを使った情報交換の窓口としてOutlookを使ってみましょう。このレッスンでは、メールのやりとりに利用するフォルダーや画面について解説します。

メールを管理するフォルダーの役割

Outlookのメール機能を使えば、クラウドに置かれたメールを集中管理できます。[受信トレイ] [送信トレイ] [送信済みアイテム] は、送受信したメールを管理していくためのフォルダーです。これらのフォルダーでメールを管理していきます。メールはOutlookが扱えるアイテムの種類の1つにすぎませんが、それをOutlookで管理することで、さまざまな個人情報とメールを一元化して扱うことができます。コミュニケーションによって予定や仕事が発生し、それを1つずつこなしていくという、普段から無意識に行っている一連の作業を1個所で管理できるようになるのです。

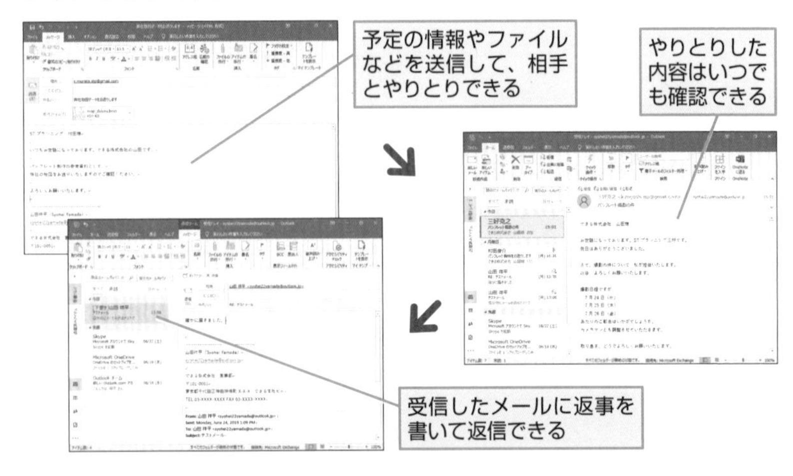
予定の情報やファイルなどを送信して、相手とやりとりできる
やりとりした内容はいつでも確認できる
受信したメールに返事を書いて返信できる

メールのやりとりに使う画面を知ろう

メールをやりとりする画面では、[受信トレイ]や[送信トレイ]などのフォルダー一覧のほか、メール本文が表示される閲覧ウィンドウ、そして、メールの作成やメールの削除、返信などの操作をするためのコマンドがリボンに用意されています。

◆リボン
さまざまな機能のボタンがタブごとに分類されている

◆[お気に入り]フォルダー
よく使うフォルダーを登録できる

◆閲覧ウィンドウ
選択したメールの本文が表示される

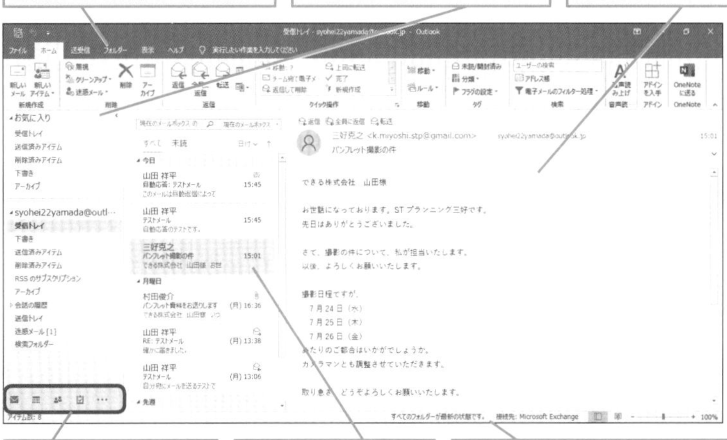

メールや予定表、連絡先などの表示をクリックして切り替えられる

◆ビュー
選択したフォルダーの内容が表示される

◆ステータスバー
選択したフォルダーにあるアイテム数や受信状態が表示される

Point メールのコミュニケーションで予定が生まれる

ミーティングやイベントの案内がメールで届くことが多くなりました。ホテルや飛行機を予約するときも確認のメールが届きます。このように、メールのやりとりで行動場所や時間が決まることが多くなってきました。コミュニケーションが予定を生むというのはそういうことです。コミュニケーションをメールに残すようにすることで、自分の行動記録がすべて蓄積されていきます。

レッスン 8

メールの形式って何?

HTML形式

メールには複数の形式があり、現在はHTML形式が広く使われています。文字フォントやその色、サイズなどを自由に設定してメールを作成することができます。

メールには3つの形式がある

Outlookは、テキスト形式、HTML形式、リッチテキスト形式の3種類の形式のメールを扱えます。このうち、最も一般的に使われているのがHTML形式です。また、テキスト形式のメールもよく使われます。リッチテキスト形式はあまり使われることはありません。HTML形式がワードプロセッサ文書のように、写真などを挿入するなど自在にレイアウト、文字装飾ができるのに対して、テキスト形式は基本的な文字情報のみで構成されたメールとなります。どちらの形式を使ってもかまいませんが、既定値はHTML形式となっています。

Hint!

HTMLメールの画像をダウンロードするには

HTMLメールの中には、開いたときに、特定のサイトから画像をダウンロードするようになっているものがあります。画像がダウンロードされると、そのメールが確かに読まれたことを相手が知り、有効なメールアドレスとして認知され、以降、迷惑メールが増加してしまう可能性があります。そのようなことがないように、標準では画像がダウンロードされないように設定されています。必要な場合は、その都度、以下の手順でダウンロードします。

1 [画像をダウンロードするには、ここをクリックします。]をクリック

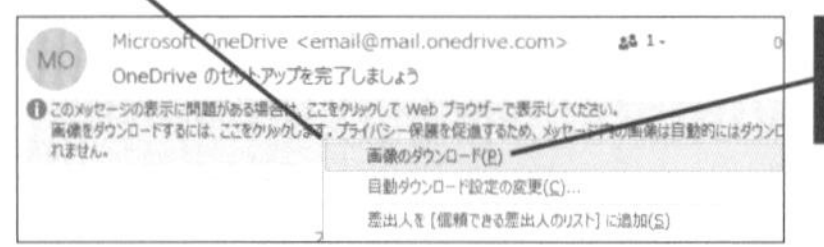

2 [画像のダウンロード] をクリック

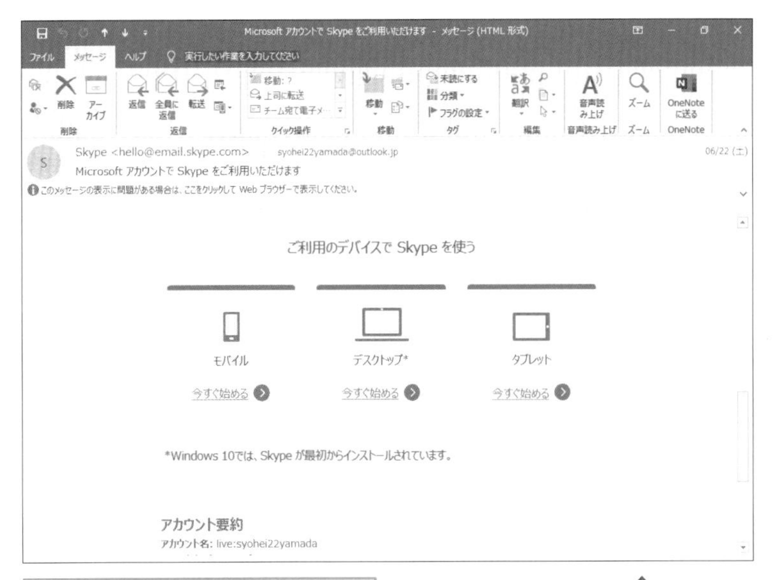

メールの用途や受信先などに応じて
適切な送信形式を選択する

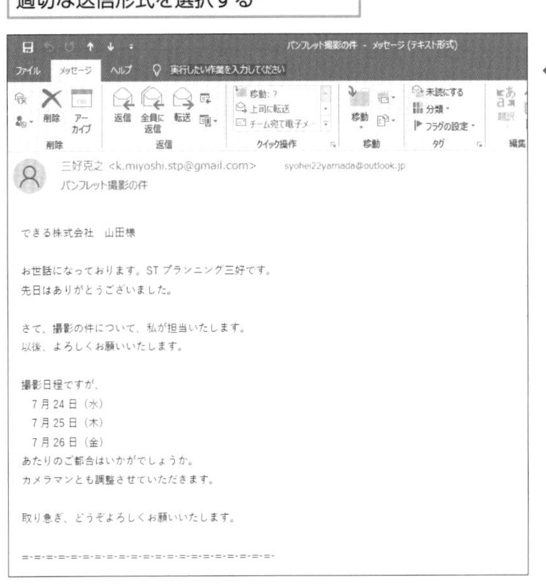

次のページに続く

豊かな表現が可能なHTML形式

HTMLメールは、ワードプロセッサでの文書作成と同様に、文字情報だけではなく、ビジュアル要素などを加え、読みやすくレイアウトすることができます。編集もMicrosoft Wordとほとんど同じ操作で可能なので、カンタンに見栄えのよいメールを作成できます。今となってはHTMLメールが正しく表示できないメールアプリはありませんが、かつてはそのようなアプリのためにテキスト形式でのやりとりが推奨されてきましたが、今は、そのような配慮の必要はなくなりました。

アニメーションを挿入したり、Webページと同じようなデザインでメールを送れる

HTML形式のメールはタイトルバーに「HTML形式」と表示される

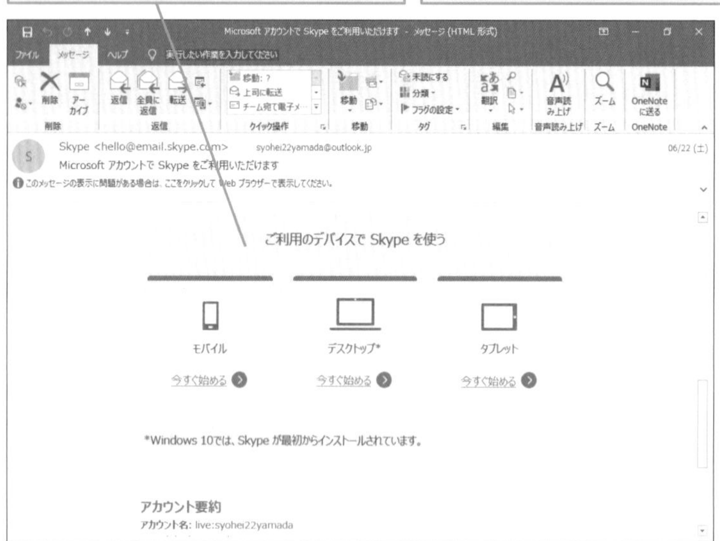

シンプルに内容だけを伝えるテキスト形式

装飾のない文字のみで構成されたシンプルなメールを作成します。表示される文字のサイズ等は相手の環境に依存します。図や表などを添えるには、ファイルを別途添付します。テキスト形式は、どんなメールアプリでも正しく表示できるため、かつてはメールによるコミュニケーションの基本形式として愛用されましたが、近年は、各種デバイスとアプリの高機能化により、HTMLに標準形式の座を譲り渡すことになりました。とはいえ、今なお、シンプルさを強調するために使われています。

文字だけで構成されているためどのような環境でもすばやく閲覧できる

テキスト形式のメールはタイトルバーに「テキスト形式」と表示される

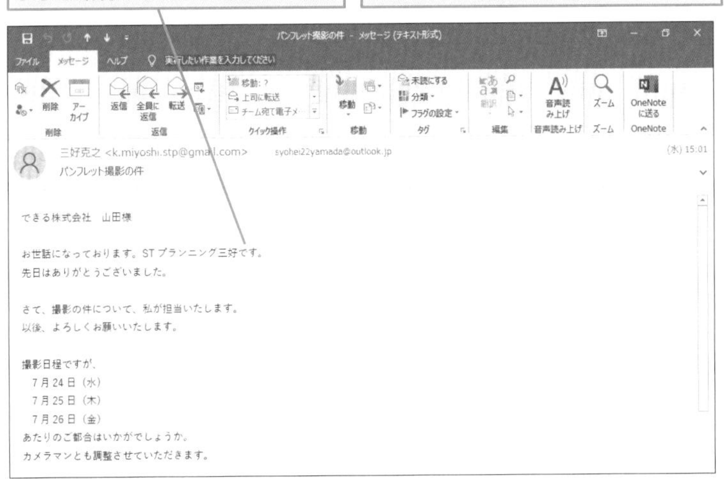

Point　HTMLとテキスト、どっちを使う

どちらの形式を使っても問題はありませんが、相手の形式に合わせるというのが無難です。Oultlookではテキスト形式のメールに対して返信しようとすると、自動的にテキスト形式に設定され、HTMLメールに返信しようとするとHTML形式に設定されます。

レッスン 9

メールに署名が入力されるようにするには

署名とひな形

メールには必ず署名を付けます。このレッスンの方法で設定すれば、メールの作成時に署名が自動で挿入されます。いわば、名前入りの便箋のような機能です。

ショートカットキー Alt + F + T……[Outlookのオプション] ダイアログボックスの表示

1 [署名とひな形] ダイアログボックスを表示する

[ファイル] タブの [オプション] をクリックして、[Outlookのオプション]ダイアログボックスを表示しておく

1 [メール]をクリック

2 [署名]をクリック

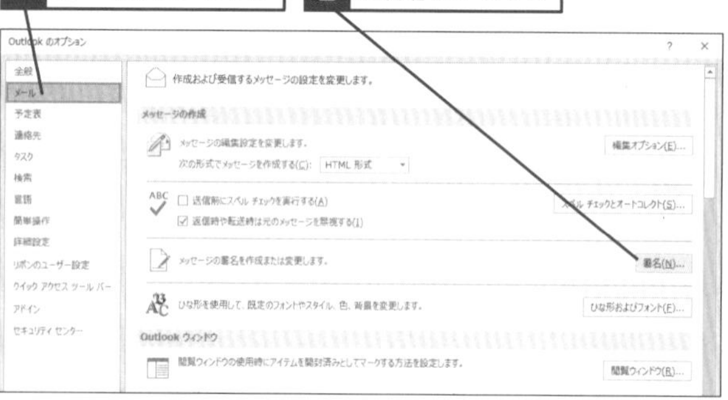

⚠間違った場合は?

署名の登録後に署名の間違いに気付いたときは、手順1から操作して [署名とひな形] ダイアログボックスの [署名の編集] に入力した内容を修正します。複数の署名があるときは、修正する署名の名前を正しく選択してから操作してください。

2 [新しい署名] ダイアログボックスを表示する

[署名とひな形] ダイアログボックスが表示された

署名を作成する

1 [新規作成] をクリック

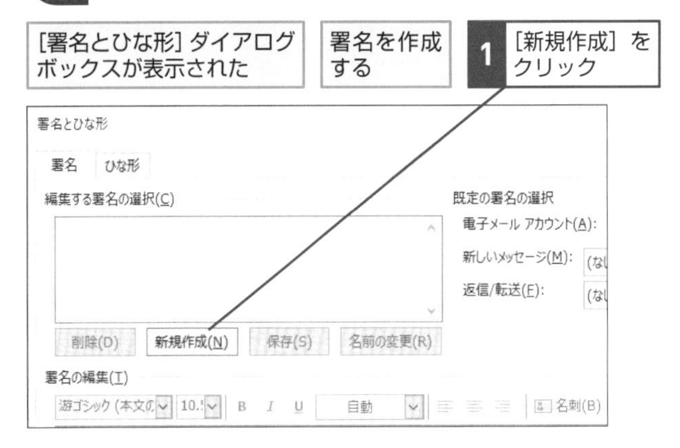

3 署名の名前を設定する

[新しい署名] ダイアログボックスが表示された

設定する署名の名前を入力する

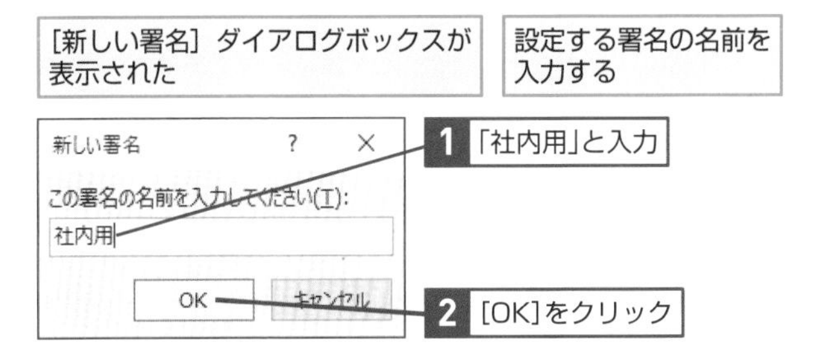

1 「社内用」と入力

2 [OK]をクリック

Hint!

署名の見せ方を工夫しよう

署名では、ハイフン (-) やイコール (=)、アンダーバー (_) などを罫線代わりに使ったり、空白を行頭に入力して、多少、右に寄せたりするのもいいでしょう。ただし、相手がメールを読むときに使っているフォントが等幅であるとは限りません。文字種による文字幅の違いから、こちらが期待したレイアウトになるとは限らない点に注意してください。

次のページに続く

4 署名を設定する

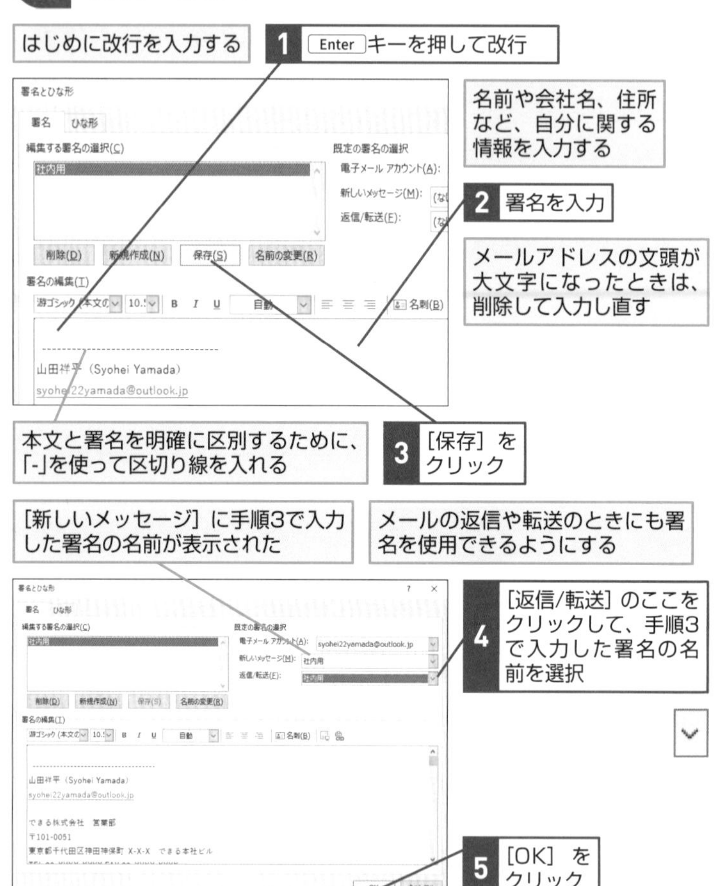
はじめに改行を入力する
1 Enter キーを押して改行
名前や会社名、住所など、自分に関する情報を入力する
2 署名を入力
メールアドレスの文頭が大文字になったときは、削除して入力し直す
署名とひな形
署名 ひな形
編集する署名の選択(C)
既定の署名の選択
社内用
電子メール アカウント(A):
新しいメッセージ(M):
返信/転送(F):
削除(D) 新規作成(N) 保存(S) 名前の変更(R)
署名の編集(T)
名刺(B)
山田祥平（Syohei Yamada）
syohei22yamada@outlook.jp
本文と署名を明確に区別するために、「-」を使って区切り線を入れる
3 [保存]をクリック
[新しいメッセージ]に手順3で入力した署名の名前が表示された
メールの返信や転送のときにも署名を使用できるようにする
4 [返信/転送]のここをクリックして、手順3で入力した署名の名前を選択
syohei22yamada@outlook.jp
社内用
できる株式会社 営業部
〒101-0051
東京都千代田区神田神保町 X-X-X できる本社ビル
5 [OK]をクリック
OK キャンセル

Hint!

メールアドレスの文頭が大文字になってしまったときは

署名にメールアドレスやURLを入力すると、ハイパーリンクの自動書式設定によって色が青く変わり、下線が付きます。メールアドレスの文頭の文字が大文字になってしまったときは、先頭の文字を削除して入力し直しましょう。

5 署名が設定された

1 [OK] をクリック

Hint! 署名を使い分けることもできる

複数の署名を用意しておき、メールの相手ごとに使い分けることもできます。自動的に挿入された署名を右クリックし、ショートカットメニューに表示される別の署名に差し替えます。

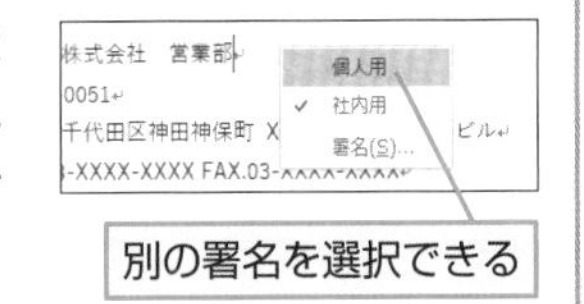

Point 署名は短く簡潔に

署名は簡潔で分かりやすい内容にしましょう。メールの差出人を公式に証明する手段にはなりませんが、誰から来たメッセージなのかメールを受け取った相手がすぐに分かるようにするべきです。そのためにも、フルネームを添え、ビジネスメールなら会社名や部署などの情報も含めておきましょう。また、相手がメール以外の手段で連絡を取れるように、住所や電話番号、FAX番号などの情報を入れておくと便利です。ただし、素性が分からない相手にメールを送るときは、電話番号などの個人情報を署名に含めないようにします。

レッスン
10

メールを送るには

新しい電子メール

Outlookで新しいメールを作成し、実際に送信してみましょう。ここでは、メールの形式や署名の表示などの設定を確認するため、自分宛にメールを送ります。

ショートカットキー Ctrl + Shift + M……新しいメッセージの作成

1 新しいメッセージを作成する

自分宛のテストメールを作成する

1 [新しいメール] をクリック

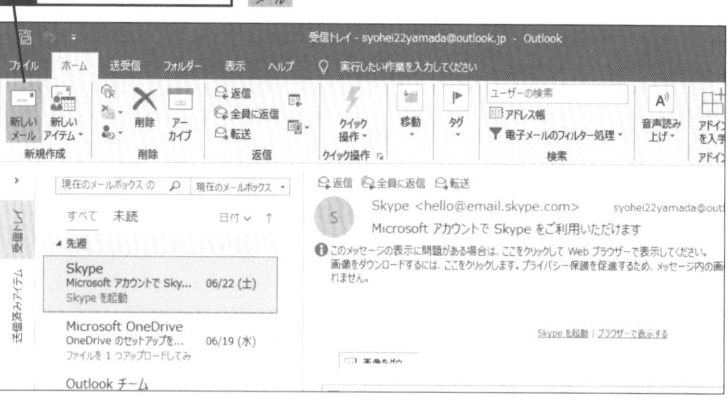

間違った場合は?

手順1で [新しいアイテム] ボタンをクリックしてしまった場合は、そのまま [電子メールメッセージ] を選択してください。

2 宛先を入力する

メッセージのウィンドウが表示された

メールを送る相手のメールアドレスを入力する

1 [宛先] に自分のメールアドレスを半角英数字で入力

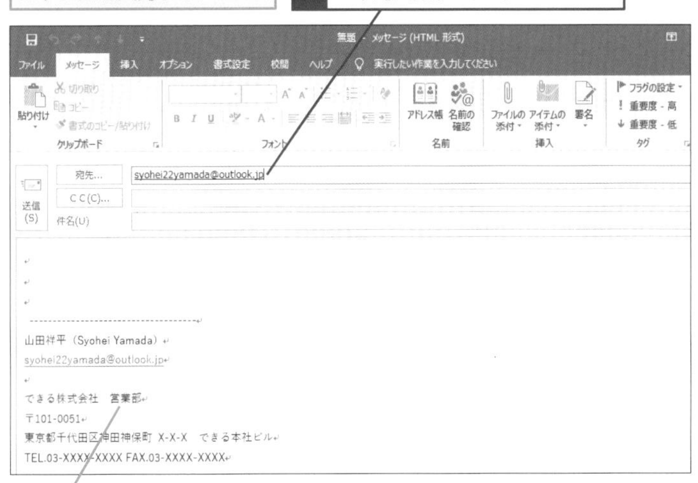

レッスン9で作成した署名が自動的に挿入された

Hint!

2回目以降に同じアドレスを入力すると候補が表示される

過去にメールを送ったメールアドレスは連絡先候補として記憶されます。メールアドレスの先頭の数文字を[宛先]や[CC]に入力すると、候補が表示され、一覧からメールアドレスを選択できます。

2回目以降、先頭の数文字を入力すると候補が表示される

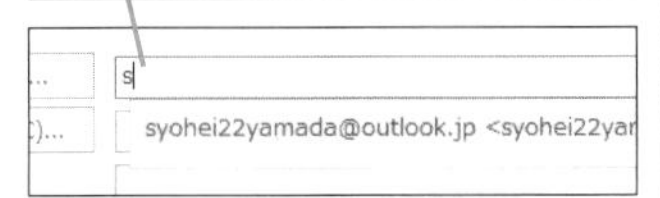

Enter キーを押すとアドレスが挿入される

次のページに続く

3 件名と本文を入力する

1 [件名] に「テストメール」と入力

メールの用件が分かる件名を入力する

2 本文を入力

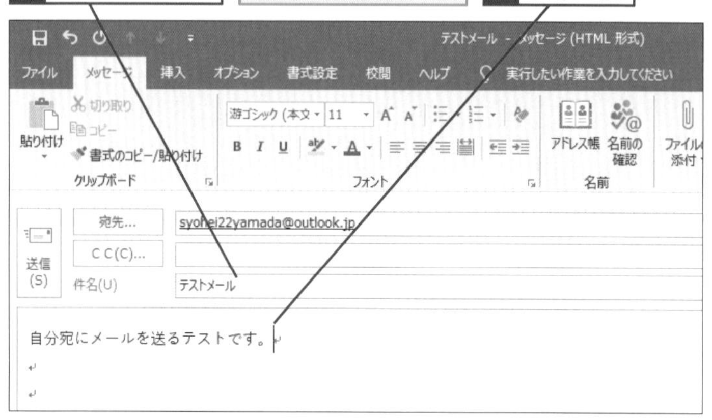

Hint!

複数の人に同じメールを送るには

複数の人に同じメールを送るには、メールアドレスを半角の「;」(セミコロン)で区切って [宛先] に入力します。また、CCは、カーボンコピー (Carbon Copy) のことで、参考のために、同じ文面を別のアドレス宛にも送信するときに使います。アドレスの入力方法は宛先欄と同じです。自分がメールを受け取ったときに、[CC] に自分のアドレスがあれば、他人宛のメールが自分にも送信されていることが分かります。また、[宛先] や [CC] を見れば、自分以外の誰にメールが送られているかを知ることができます。

Hint!

[下書き] フォルダーに書きかけのメールを保存できる

[閉じる] ボタン (×) をクリックして書きかけのメッセージを閉じようとすると、メッセージの保存を確認するダイアログボックスが表示されます。ここで、[はい] ボタンをクリックすれば、そのメールは [下書き] フォルダーに保存されます。それを開くことで、作業を再開できます。また、通常は3分ごとに内容が自動的に保存されるので、パソコンのフリーズなどのアクシデントがあっても安心です。

4 メールを送信する

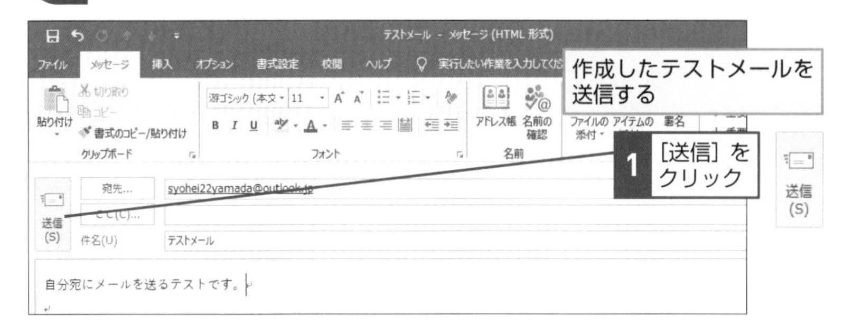

5 メールが受信される

メールを送信できた

しばらく待つと、メールが自動的に受信される

受信したメールが［受信トレイ］に表示された

メールが届くと、新着通知が一時的に表示される

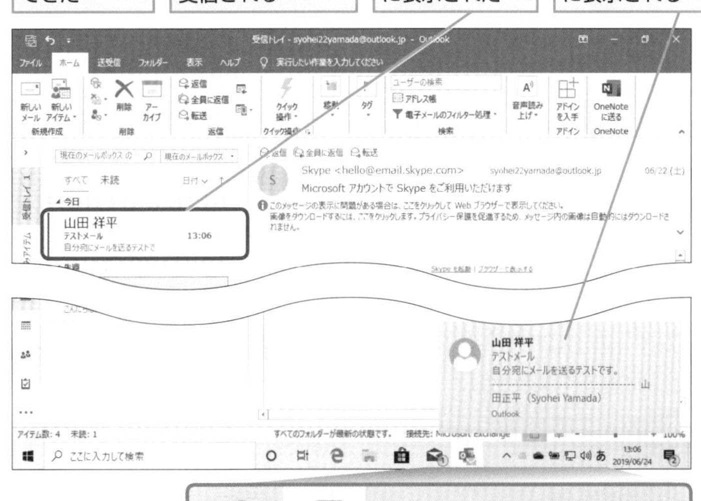

メールが届くと、タスクバーのアイコンの表示が変わる

メールが届くと、通知領域にアイコンが表示される

次のページに続く

6 フォルダーウィンドウを表示する

送信したメールを確認する

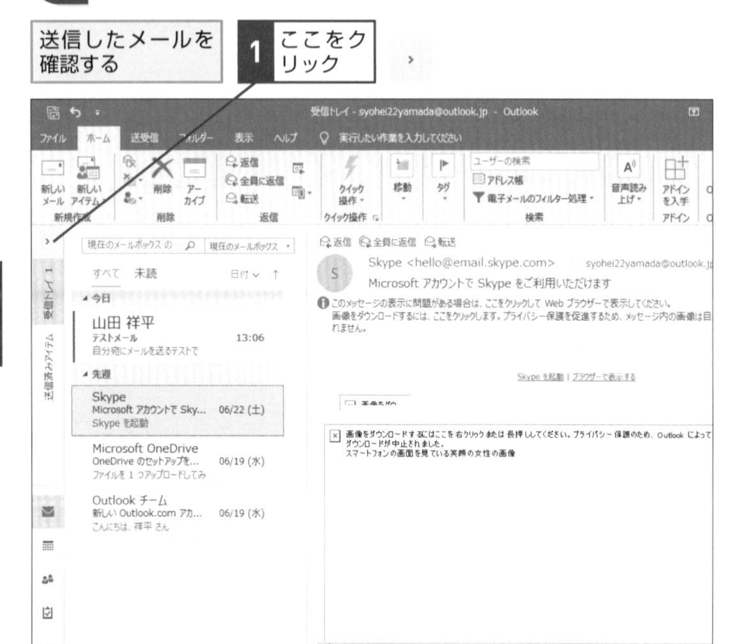

間違った場合は?

手順7で、別のフォルダーを開いてしまった場合は、もう一度、［送信済みアイテム］をクリックし直します。

Hint!

送ったメールは取り消せない

いったん送信したメールは、すぐに相手のメールサーバーに届きます。送信の操作を取り消すことはできないと考えましょう。もし、送信後に内容の誤りや気になる点を見つけたら、その旨を記したメールを新たに書いて、相手に知らせるようにします。

7 送信済みのメールを確認する

フォルダーウィンドウが表示された

1 ［送信済みアイテム］をクリック

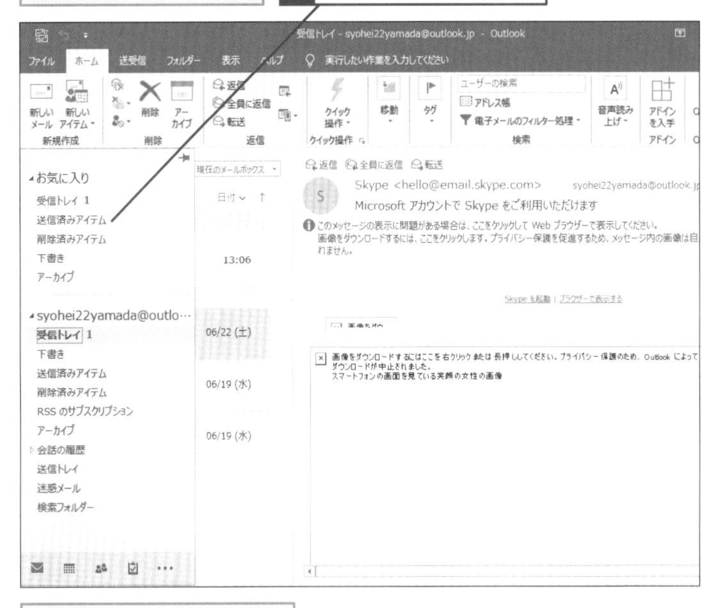

送信したメールを確認できる

Point 相手のパソコンに直接メールが届くわけではない

書き上げたメールは、［送信］ボタンをクリックすると、自分の送信メールサーバーを経由して相手のメールサーバーに配信され、そのコピーが「送信済みメール」として保存されます。メールを受け取ったメールサーバーは、メールの宛先情報を確認して相手のサーバーにメールを配信します。このように、メールは自分のパソコンから相手のパソコンに直接届くわけではなく、サーバー上で読まれるのを待機することになります。

レッスン 11

メールを読むには

すべてのフォルダーを送受信

自分宛にメールが届いていないか確認してみましょう。このレッスンでは、[すべてのフォルダーを送受信] ボタンを利用して新着メールの有無を確認します。

ショートカットキー Ctrl+<……前のアイテム
Ctrl+>……次のアイテム
F9……すべてのフォルダーを送受信

1 [受信トレイ] フォルダーを表示する

[受信トレイ]を表示する

1 [受信トレイ]をクリック

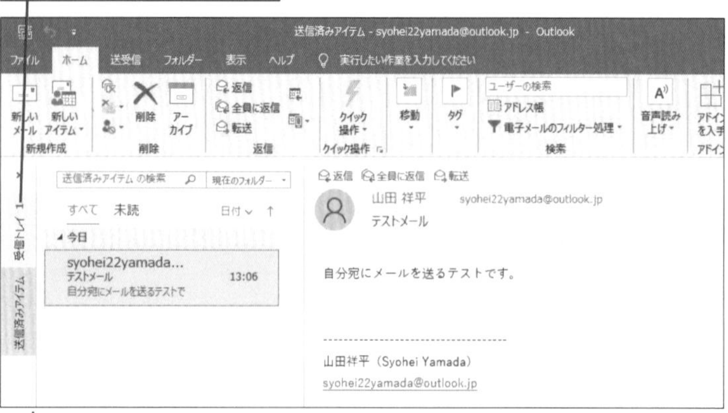

Hint!

メールは自動的に受信される

クラウドメールサービスではメールが自動的に送受信されます。通常は、特に送受信の操作を行う必要はありません。すぐに届くはずのメールが届かない場合などに、手動での送受信を試しましょう。

2 新着メールを確認する

[受信トレイ] が表示された

新しいメールがないかを手動で確認する

1 [すべてのフォルダーを送受信]をクリック

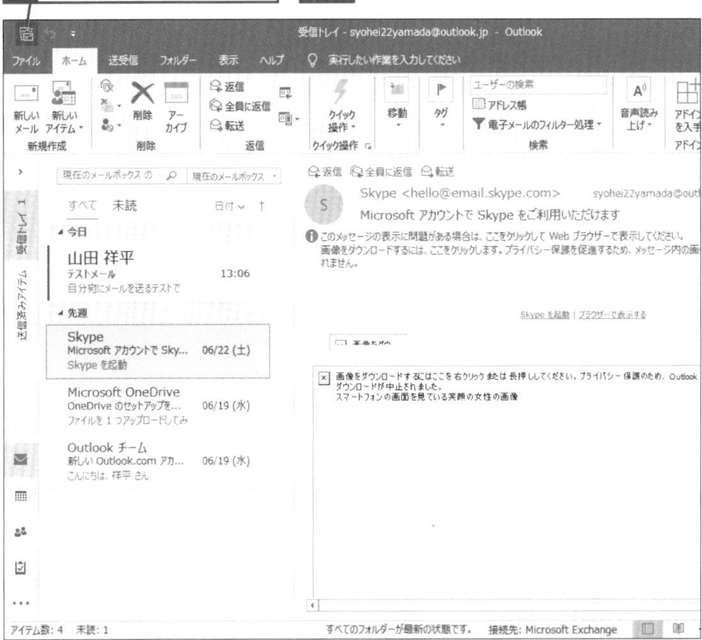

⚠間違った場合は?

[Mail Delivery Subsystem] という差出人から英語のメールが届いた場合は、宛先に入力した自分のメールアドレスが間違っていた可能性があります。もう一度、レッスン10からやり直してください。

次のページに続く

3 メールを選択する

ここでは新着メールがないため、レッスン10で自分宛に送ったメールを選択する

未読のメールは差出人やタイトルが太字で表示されている

1 メールをクリック

メールのプレビューが閲覧ウィンドウに表示された

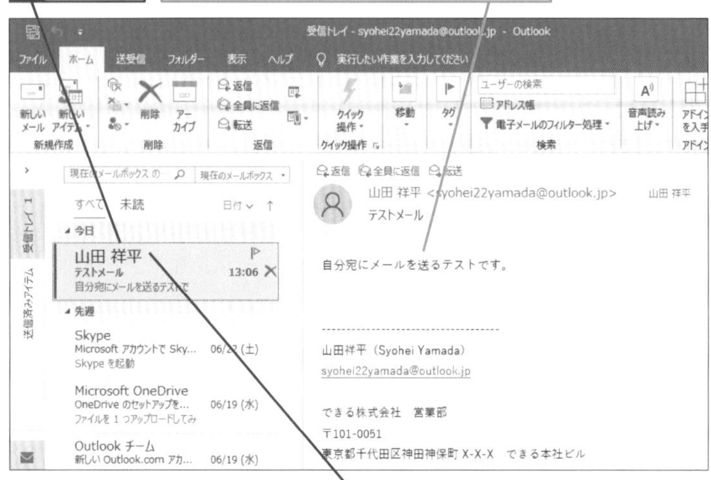

メールを別のウィンドウで表示する

2 メールをダブルクリック

Hint! 新着通知からもメールを開ける

メールが届くと、画面右下に新着通知が表示されます。Outlookのウィンドウがほかのウィンドウの背後にあったり、最小化されていたりしても、メールの着信が分かります。新着通知をクリックすると、新着メールが別のウィンドウに表示されます。何も操作をしないと、新着通知はすぐに消えます。

メールの受信時に新着通知をクリックすると、別のウィンドウにメールが表示される

Hint!

閲覧ウィンドウの表示方法を変更するには

標準の設定では、閲覧ウィンドウが右に表示されます。閲覧ウィンドウのレイアウトを変更するには、[表示] タブの [レイアウト] グループの [閲覧ウィンドウ] ボタンの一覧から配置方法を選びましょう。なお、[オフ] に設定すると、閲覧ウィンドウが非表示になります。

Hint!

メッセージの開封に関するメッセージが表示されたときは

メールによっては、開こうとすると、「確認メッセージを送信しますか?」というメッセージが表示される場合があります。[はい] ボタンをクリックすると、メールを開いた日時を記載したメールが自動的に相手に送信されます。必要がない場合は、[いいえ] ボタンをクリックします。

必要に応じて [はい] または [いいえ]をクリックする

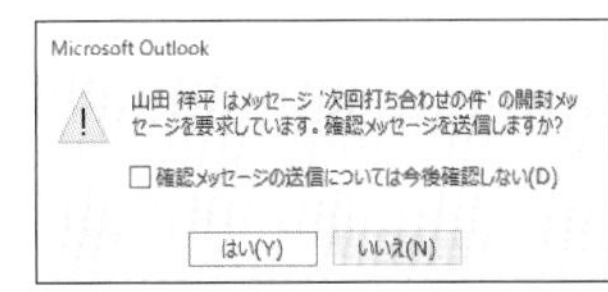

4 メールを読む

選択したメールが別のウィンドウで表示された

1 差出人や宛先を確認

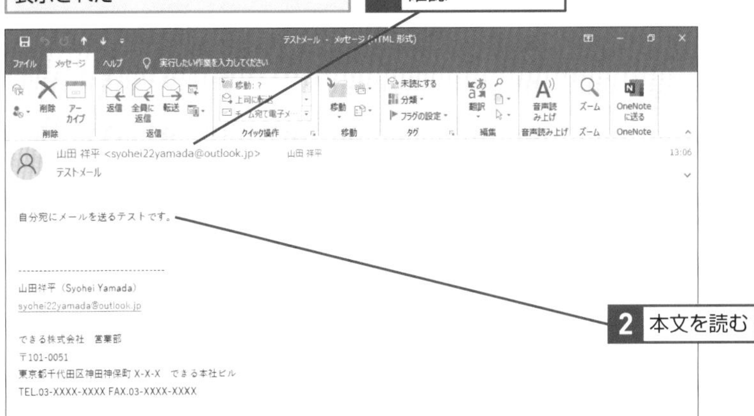

2 本文を読む

次のページに続く

5 メッセージのウィンドウを閉じる

メールを読み終わったのでメッセージのウィンドウを閉じる

Hint!

［次のアイテム］ボタンでメールを読み進められる

メッセージウィンドウ左上のクイックアクセスツールバーには、次のメールと前のメールに移動するためのボタンが用意されています。このボタンを使えば、ウィンドウを閉じずに、順にメールを読んでいくことができます。

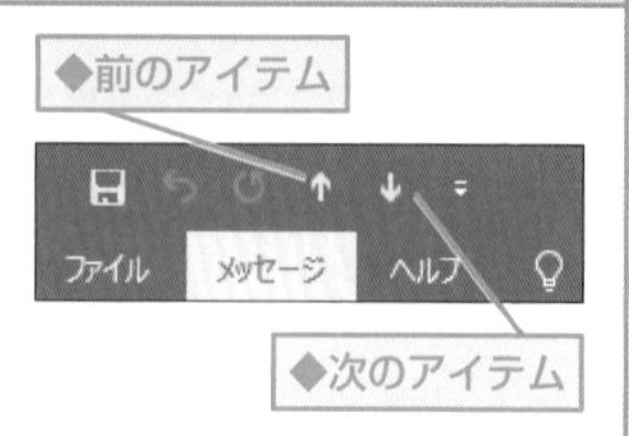

6 メールが既読になった

メッセージのウィンドウが閉じた

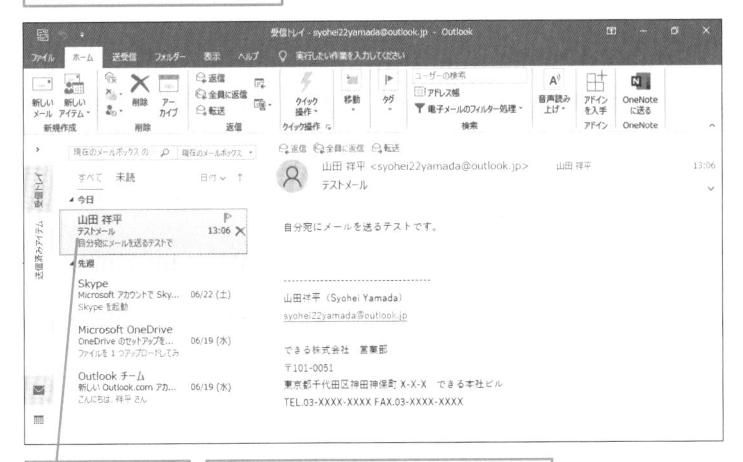

メールが既読の表示に変わった

ほかにメールが届いているときは、手順3 ～ 5と同様にして読んでおく

Point メールが来ていないか定期的に確認しよう

自分宛に届いたメールは、できるだけ頻繁に確認するようにしましょう。相手が返信を求めている場合もあります。自分が送ったメールに対して何日も反応がなければ不安になってしまうこともあるでしょう。メールアドレスを他人に伝えた以上は、自分宛にメールを送った相手の期待に応えるためにも、できるだけ頻繁に、メールをチェックするのがマナーです。パソコンのそばにいるときには、常に、Outlookを起動しておき、新着メールの到着をいち早く知ることができるようにしておきましょう。また、Outlookは自動でメールが受信されますが、新着メールの有無をすぐに確認したいときは、[すべてのフォルダーを送受信] ボタンをクリックしてください。

レッスン 12

届いたメールに返事を書くには

返信

［返信］ボタンをクリックするだけで、メールに返事を書くことができます。相手が返答を求めているときには、できるだけ迅速に返事を書くようにしましょう。

ショートカットキー Ctrl＋R……返信
Ctrl＋Shift＋R……全員に返信

1 返信するメールを選択する

［受信トレイ］を表示しておく

ここでは自分宛に出したメールに自分で返信する

1 メールをクリック

2 ［返信］をクリック

返信

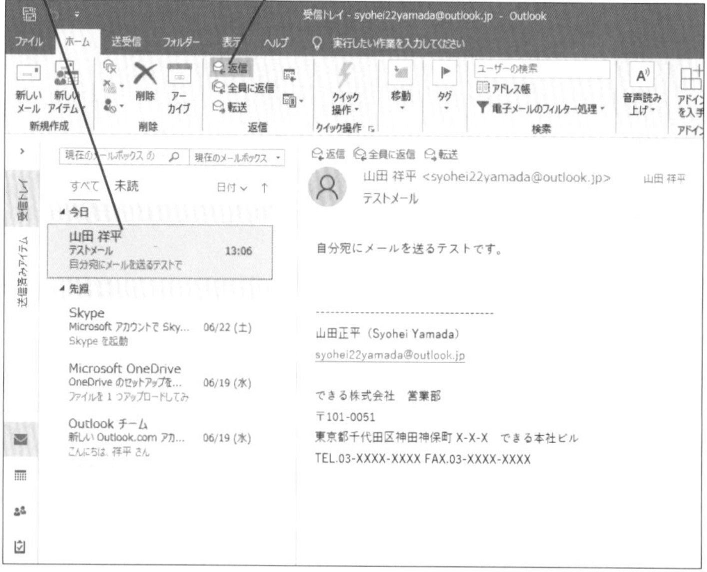

受信トレイ - syohei22yamada@outlook.jp - Outlook

ファイル　ホーム　送受信　フォルダー　表示　ヘルプ　実行したい作業を入力してください

新しいメール　新しいアイテム　新規作成　削除　アーカイブ　削除　返信　全員に返信　転送　返信　クイック操作　クイック操作　移動　タグ　ユーザーの検索　アドレス帳　電子メールのフィルター処理　検索　音声読み上げ　アドインを入手　アドイン

現在のメールボックス の　現在のメールボックス

すべて　未読　日付　↑

今日

山田 祥平
テストメール　13:06
自分宛にメールを送るテストで

先週

Skype
Microsoft アカウントで Sky...　06/22 (土)
Skype を起動

Microsoft OneDrive
OneDrive のセットアップを...　06/19 (水)
ファイルを 1 つアップロードしてみ

Outlook チーム
新しい Outlook.com アカ...　06/19 (水)
こんにちは、祥平 さん

返信　全員に返信　転送

山田 祥平 <syohei22yamada@outlook.jp>　山田 祥平
テストメール

自分宛にメールを送るテストです。

山田正平（Syohei Yamada）
syohei22yamada@outlook.jp

できる株式会社　営業部
〒101-0051
東京都千代田区神田神保町 X-X-X　できる本社ビル
TEL.03-XXXX-XXXX FAX.03-XXXX-XXXX

2 メールを送信する

閲覧ウィンドウが返信用のメッセージを入力する画面に切り替わった

1 本文を入力

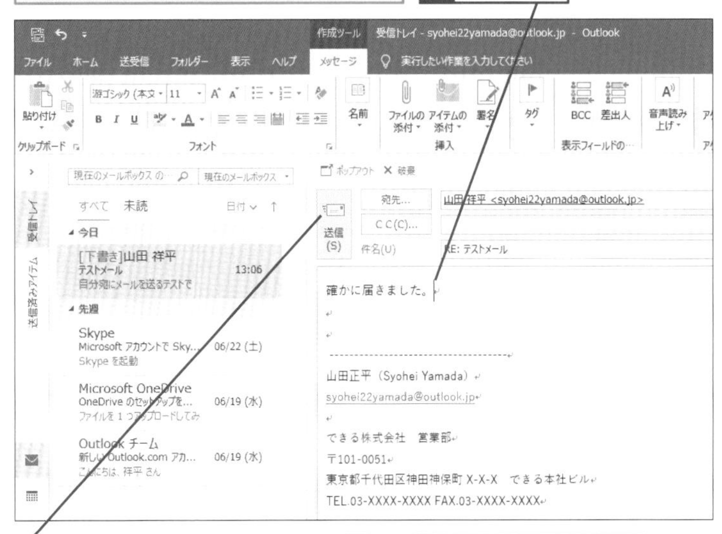

2 ［送信］をクリック

送信(S)

メールが送信される

自分宛てに送信したので、送信したメールが［受信トレイ］に受信される

Point 差出人のみに返信でいいのかよく確認しよう

メールを返信する場合、メールの差出人が宛先となり、件名の先頭に自動で「RE:」が追加されます。「RE:」は「～について」を意味します。相手が付けた件名に対する返信であることがひと目で分かる仕組みです。数人でメールを使って打ち合わせをするような場合は、［全員に返信］ボタンを利用して必ず全員にメールを返信し、連絡漏れのないようにしましょう。

レッスン 13

ファイルをメールで送るには

ファイルの添付

メールには、画像やOffice文書といったファイルを添付して送ることもできます。ここでは、ファイルを添付したメールを送信してみましょう。

1 ［ファイルの挿入］ダイアログボックスを表示する

レッスン10を参考に、メールを作成しておく

ここでは、あらかじめ［ピクチャ］フォルダーに保存しておいた画像を添付する

1 ［メッセージ］タブをクリック

2 ［ファイルの添付］をクリック

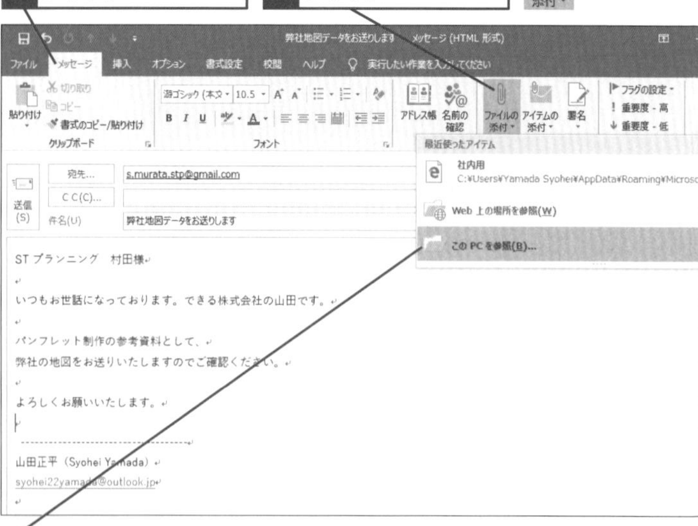

3 ［このPCを参照］をクリック

2 ファイルを選択する

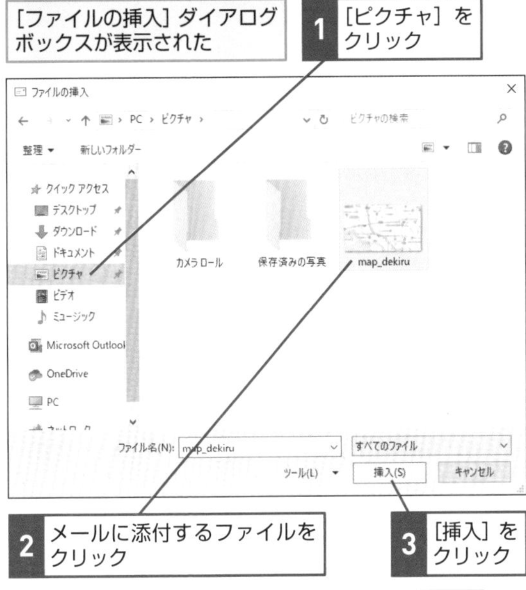

ファイルが添付される

メッセージの作成画面に戻るので、メールを送信する

Point メールの特性を生かしてファイルを共有しよう

HTMLメールでは、任意の画像をワープロ文書と同様に文中に挿入できますが、このレッスンで解説した方法を実行すれば、画像や文書を独立したファイルとしてメールで送信できます。目的に応じて使い分けましょう。ただし、ファイルの種類やファイルサイズによっては、添付ができない場合もあります。ファイルの内容や添付ファイルがあることが分かるように件名やメッセージ内容を工夫しましょう。

レッスン 14

WebページのURLを共有するには
コピー、貼り付け

インターネットの情報をメールで知らせたいときは、URLを本文中にコピーします。送信相手がURLをクリックすると、Webブラウザーが自動的に起動します。

ショートカットキー
Alt＋D……URLの全選択
Ctrl＋C……コピー
Ctrl＋V……貼り付け
Ctrl＋Z……元に戻す

1 WebページのURLをコピーする

Outlook 2019を起動しておく

共有するWebページをWebブラウザーで表示しておく

1 アドレスバーをクリック

URLが選択された

2 URLを右クリック

3 ［コピー］をクリック

起動中のOutlook 2019に切り替える

4 ［Outlook］をクリック

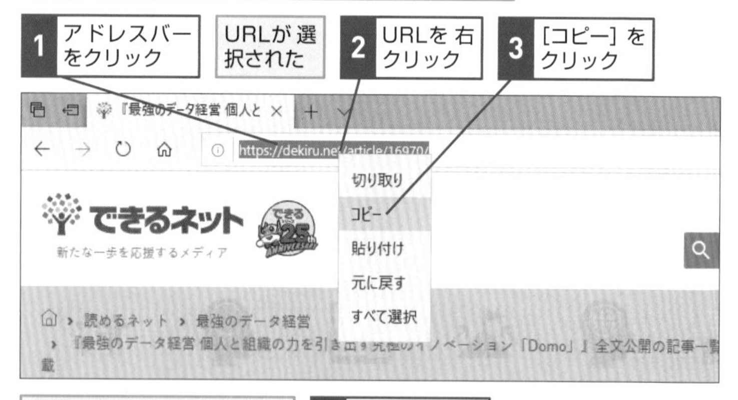

第2章 メールを使う

2 メールにURLを貼り付ける

Outlookに切り替わった

レッスン10を参考に、メールを作成しておく

1 URLを挿入する場所をクリック

2 [メッセージ] タブをクリック

3 [貼り付け] をクリック

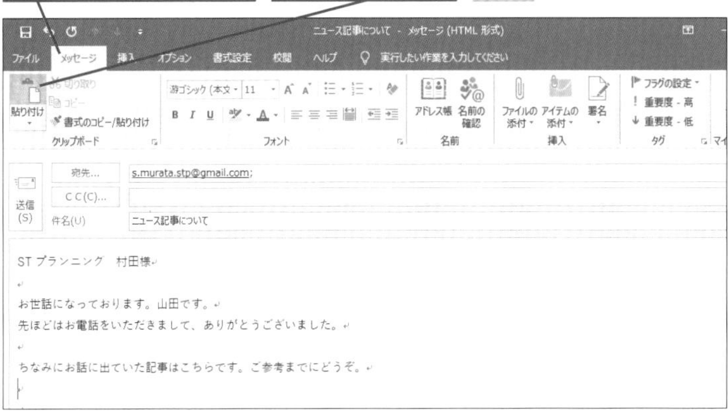

コピーしたURLが貼り付けられる

[送信] をクリックしてメールを送信する

Point Webページの情報をすぐに共有できる

Webページのほか、インターネットから参照できる地図や動画がある場合は、そのURLをメールで相手に伝えることで、同じ情報をすぐに共有できます。画面のスクリーンショットなどを送るのに比べ、メール本体の容量も少なくて済み、何よりもスマートです。ただし、相手に不安を与えないように、リンク先の内容が何かきちんと説明するようにしましょう。また、インターネット上にある情報は、日々更新されています。後から確認したときにURLの参照先が変わっていたり、なくなっていたりする場合もあります。

レッスン
15

添付ファイルを開かずに内容を確認するには

ワンクリックプレビュー

メールに添付された一部のファイルは、その場で内容を確認できます。添付ファイルを選択すると、閲覧ウィンドウにファイルの内容が表示されます。

1 添付ファイルを表示する

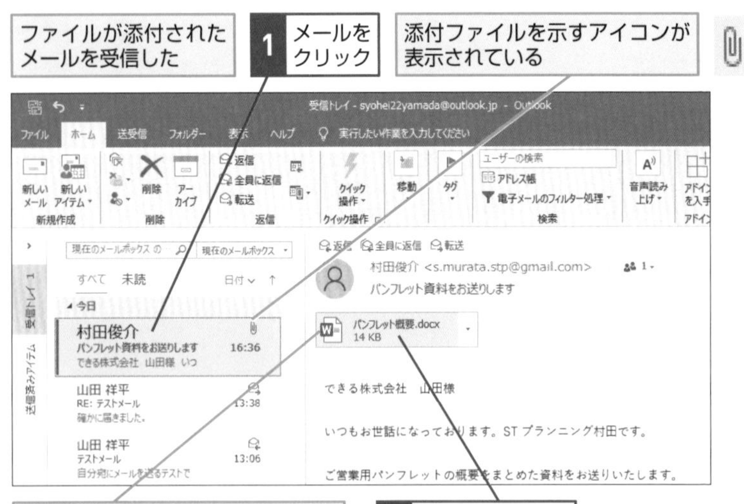

Hint!

プレビューできるファイルの種類とは

Outlookの閲覧ウィンドウでは、ExcelやWord、PowerPointなどのOffice文書をはじめ、JPEG形式やPNG形式などの画像ファイルの内容がプレビューで表示されます。Office文書の場合は、専用のビューワーツールが起動してファイルの内容が表示されます。

2 メール本文を表示する

添付ファイルの内容が表示された

閲覧ウィンドウを切り替えてもう一度メール本文を表示する

1 [メッセージに戻る]をクリック

閲覧ウィンドウにメール本文が表示される

Point その場でファイル内容を確認できる

Office文書や画像、テキストファイルなど、メールで受け取った多くのファイルは、その場で表示して内容を確認できます。内容を参照するだけなら、プレビュー表示で十分なことが多いものです。対応するアプリケーションが起動する時間を待つことなく内容を確認できるため、スピーディーに大量のメールを処理できます。

レッスン
16
添付ファイルを保存するには
添付ファイルの保存

受け取ったメールに添付されているファイルを単独で保存してみましょう。信頼できる相手からのメールであることを十二分に確認することが重要です。

1 [添付ファイルの保存] ダイアログボックスを表示する

1 添付ファイルのあるメールをクリック

2 添付ファイルのここを右クリック

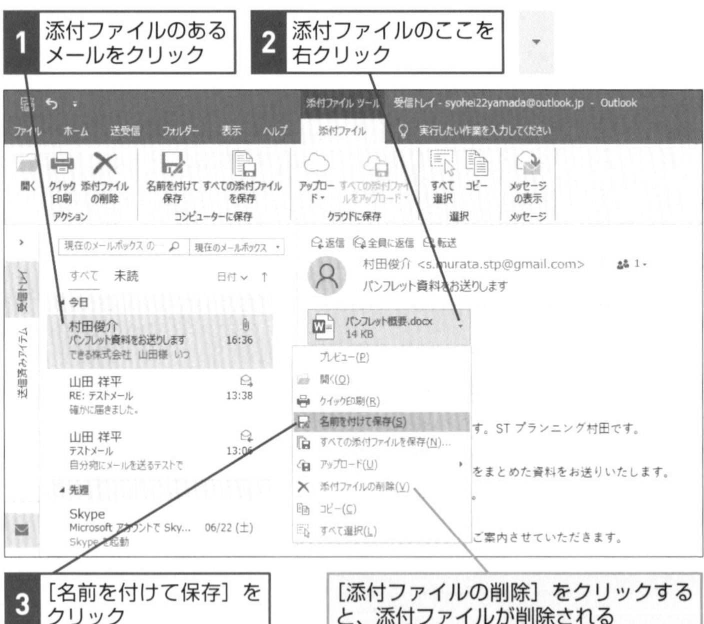

3 [名前を付けて保存] をクリック

[添付ファイルの削除] をクリックすると、添付ファイルが削除される

2 添付ファイルを保存する

[添付ファイルの保存] ダイアログボックスが表示された

ここでは添付ファイルを[ドキュメント]フォルダーに保存する

1 [ドキュメント] をクリック

2 [保存] をクリック

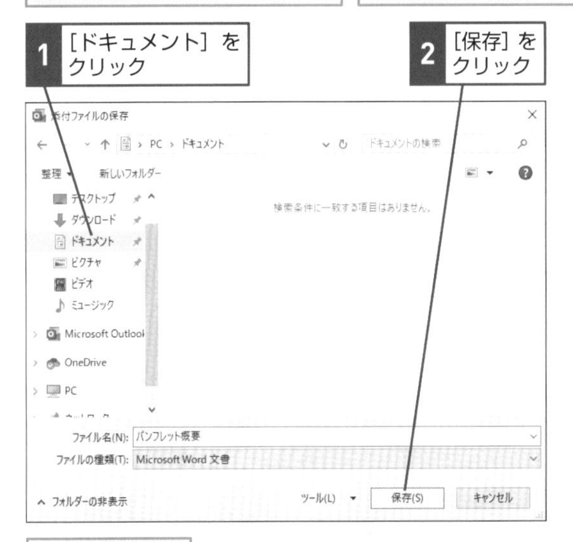

添付ファイルが保存される

Point 添付ファイルは危険と便利が背中合わせ

添付ファイルは、パソコンで扱えるさまざまな種類のデータをやりとりすることができ、とても便利です。ただ、その半面、ウイルス感染などの原因になる可能性もあり、扱いには十分な注意が必要です。見知らぬ人からの添付ファイルは、開かずに、手順1の青コメントを参考に［添付ファイルの削除］をクリックしてメールごと削除しましょう。

レッスン
17

迷惑メールを振り分けるには

受信拒否リスト、迷惑メール

Outlookは、迷惑メールを検知すると、そのメールを［迷惑メール］フォルダーに移動します。このフォルダーを開かない限り、目に触れることもなくなります。

メールを手動で［迷惑メール］フォルダーに移動する

1 メールを選択する

［受信トレイ］を表示しておく

迷惑メールに指定したいメールを選択する

1 メールをクリック

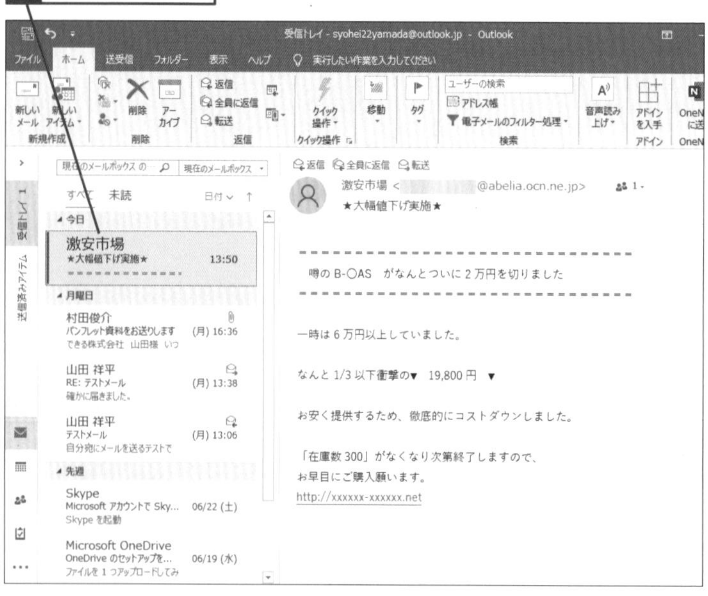

2 メールを迷惑メールに指定する

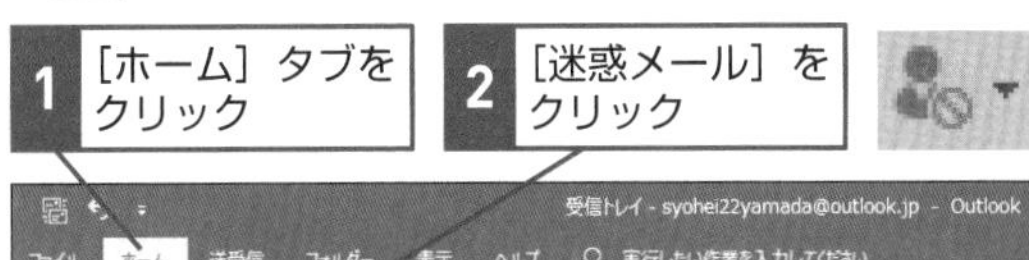

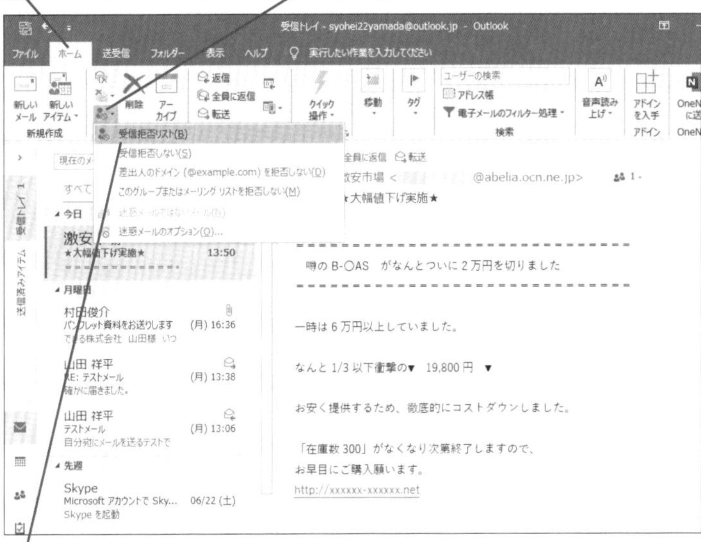

3 迷惑メールに関するダイアログボックスが表示された

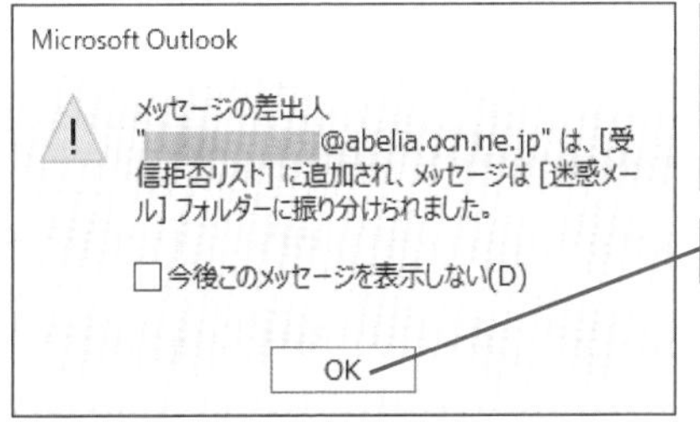

Microsoft Outlook
メッセージの差出人
"@abelia.ocn.ne.jp" は、[受信拒否リスト] に追加され、メッセージは [迷惑メール] フォルダーに振り分けられました。
今後このメッセージを表示しない(D)
OK

メールの差出人が受信拒否リストに追加され、メールが［迷惑メール］フォルダーに移動したことを確認するダイアログボックスが表示された

1 ［OK］をクリック

次のページに続く

4 迷惑メールを振り分けられた

迷惑メールが［迷惑メール］フォルダーに移動した

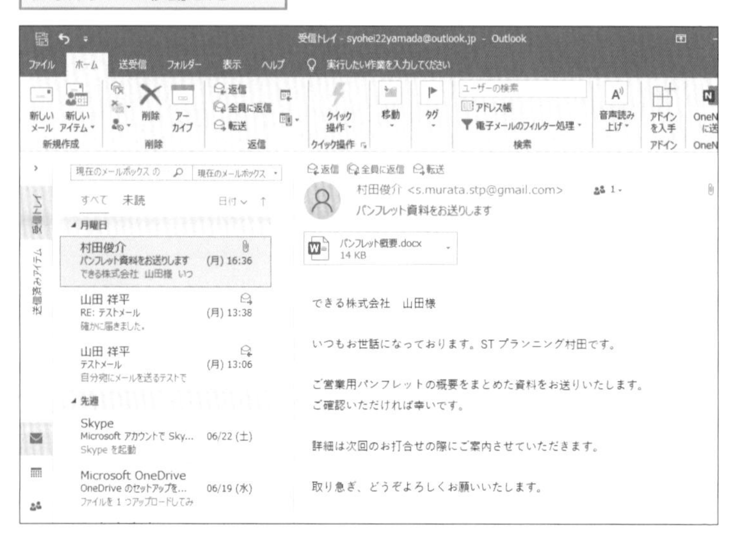

Hint!

詐欺メールに騙されないためには

数多く届く迷惑メールですが、昨今のものはその造りがきわめて巧妙なものになってきています。これらのメールに騙され、つい、リンクをクリックしてしまうことで、マルウェアに感染したり、悪質なサイトに誘導され、被害をもたらすリンクをクリックさせるような脅威が後を絶ちません。例えば、日常的に届く、アマゾンやアップルなどからのメールを巧妙に模倣したものも少なくありません。
これらのメールに騙されないために、おかしいなと思うカンを身に付けることが必要です。例えば、加入しているサービスからのお知らせを装ったものなら、そのメールのリンクを開くのではなく、そのサイトを検索してログオンし、お知らせなどに同様の告知がないかどうかをチェックします。
また、メールの差出人や、メール本文内にあるリンクのアドレスをチェックするのも有効です。見知らぬドメインのアドレスなら、それは間違いなく詐欺メールです。

5 [迷惑メール] フォルダーの内容を表示する

1 ここをクリック

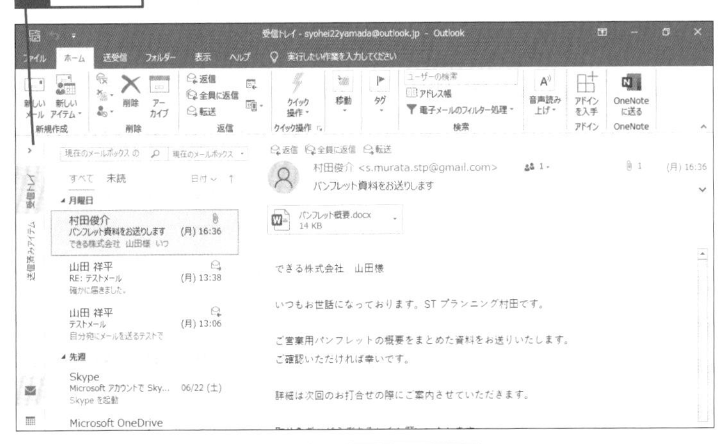

フォルダーウィンドウが表示された

2 [迷惑メール] をクリック

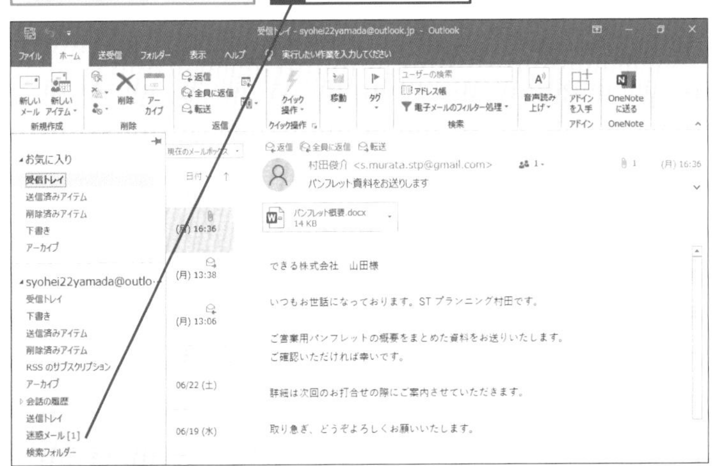

次のページに続く

6 メールを［受信トレイ］フォルダーに戻す

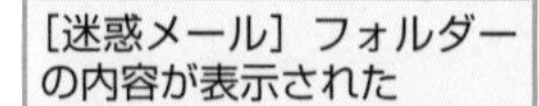

2 内容を確認

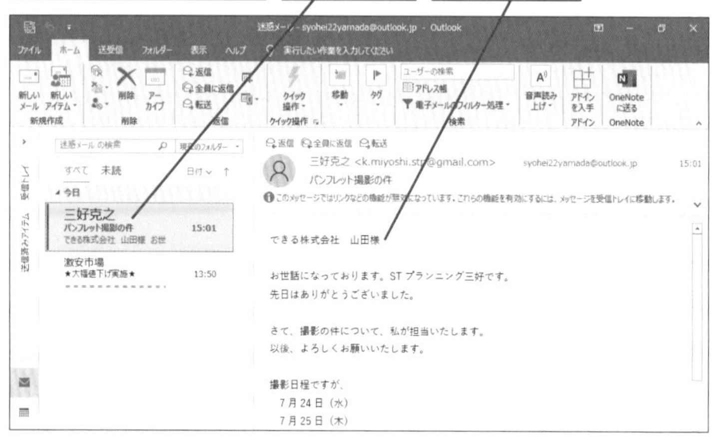

迷惑メールではないので、［受信トレイ］フォルダーに戻す

3 ［ホーム］タブをクリック

4 ［迷惑メール］をクリック

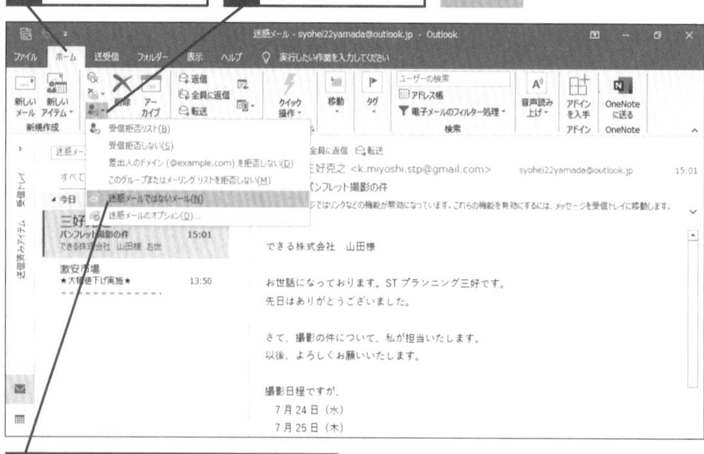

5 ［迷惑メールではないメール］をクリック

7 迷惑メールの設定を変更する

[迷惑メールではないメールとしてマーク] ダイアログボックスが表示された

次回以降、このメールアドレスから届くメールが迷惑メールとして処理されないように設定する

1 [(差出人のメールアドレス) からの電子メールを常に信頼する] にチェックマークが付いていることを確認

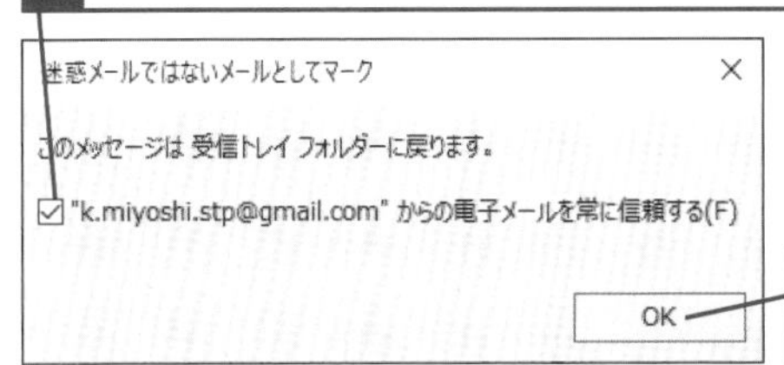

迷惑メールではないメールとしてマーク
このメッセージは 受信トレイ フォルダーに戻ります。
"k.miyoshi.stp@gmail.com" からの電子メールを常に信頼する(F)
OK

2 [OK] をクリック

[迷惑メール] フォルダーから [受信トレイ] フォルダーにメールが移動する

次回以降、このメールアドレスから届くメールは [受信トレイ] フォルダーに保存される

Point 不愉快な迷惑メールを隔離できる

迷惑メールは、不法に入手したアドレスのリストなどを基に、一方的に送り付けられてきます。内容的にも気分の悪くなるものが少なくありません。こうしたメールは、目に触れることなく、抹消してしまいたいものです。メールサービスやOutlookの処理機能によって迷惑メールの多くは [迷惑メール] フォルダーに仕分けされますが、間違って処理されたメールは、[受信トレイ] に表示されるように設定しておきます。通常のメールが間違って迷惑メールとして処理されていないかどうか、定期的に [迷惑メール] フォルダーの内容を表示し、一覧を確認するようにしておきましょう。

レッスン
18

メールを整理するフォルダーを作るには

新しいフォルダーの作成

メールは［受信トレイ］以外のフォルダーにも整理できます。このレッスンでは、新しいフォルダーを作成し、メールを移動する方法を解説します。

ショートカットキー Ctrl + Shift + E……新しいフォルダーの作成

1 ［新しいフォルダーの作成］ダイアログボックスを表示する

ここではメールマガジン用のフォルダーを作成して、メールを整理する

1 ［フォルダー］タブをクリック

2 ［新しいフォルダー］をクリック

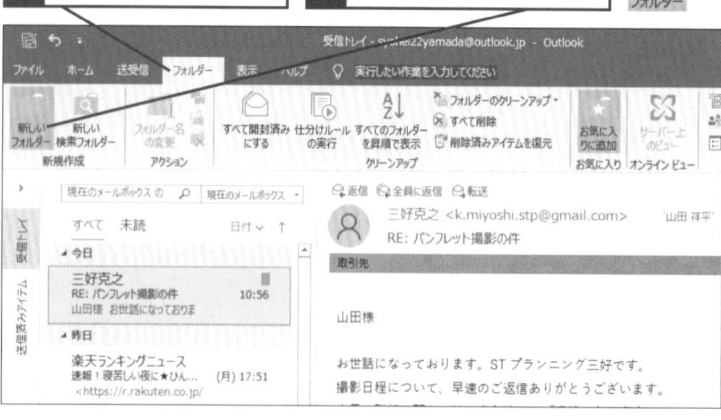

Hint!

作成したフォルダーの名前を変更するには

作成したフォルダーの名前を変更するには、そのフォルダーを右クリックして表示されるメニューから、［フォルダー名の変更］をクリックして、新しい名前を入力します。

2 フォルダーに名前を付ける

［新しいフォルダーの作成］ダイアログボックスが表示された

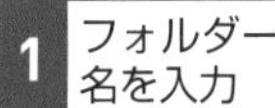

1 フォルダー名を入力

2 ［フォルダーに保存するアイテム］で［メールと投稿アイテム］が選択されていることを確認

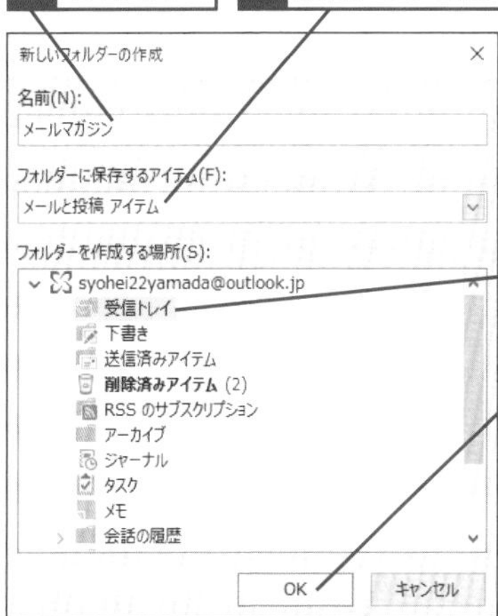

フォルダーの作成場所を選択する

ここでは、［受信トレイ］フォルダーの中にフォルダーを作成する

3 ［受信トレイ］をクリック

4 ［OK］をクリック

Hint! 表示中にメールを移動するには

メールを閲覧ウィンドウに表示しているときに、［ホーム］タブの［移動］ボタンをクリックし［その他のフォルダー］を選択すると、メールを任意のフォルダーに移動できます。最近使ったフォルダーは記憶され、次回以降は［移動］ボタンの一覧に表示されるので、よく使うフォルダーにメールを素早く移動できます。メールをウィンドウで表示しているときは、［メッセージ］タブから操作してください。

間違った場合は?

手順2で名前を入力せずに、［OK］ボタンをクリックすると、「名前を指定する必要があります。」という警告のメッセージが表示されます。［OK］ボタンをクリックし、あらためてフォルダーの名前を入力してください。

次のページに続く

3 メールをフォルダーに移動する

作成したフォルダーを確認する

1 ここをクリック

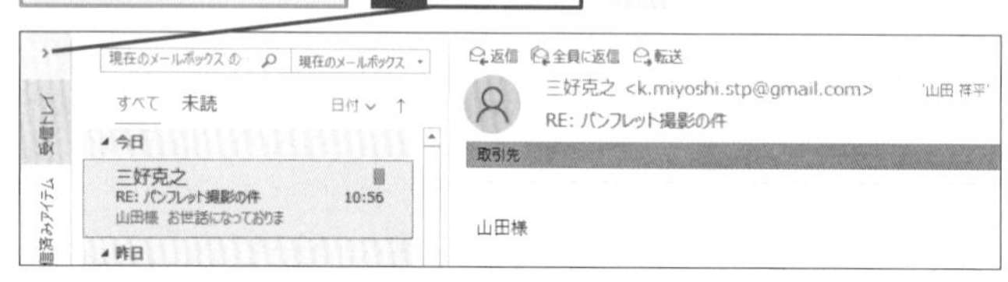

フォルダーウィンドウが表示された

2 [フォルダーウィンドウの固定]をクリック

3 移動したいメールにマウスポインターを合わせる

4 [メールマガジン]にドラッグ

Hint! 複数のメールを選択するには

複数のメールをまとめて選択し、フォルダーへ移動できます。複数のメールをまとめてフォルダーに移動するときは、Ctrlキーを押しながらメールをクリックしましょう。また、先頭のメールアイテムを選択し、Shiftキーを押しながら末尾のメールアイテムをクリックすると、連続した複数のメールを選択できます。

4 フォルダーの内容を確認する

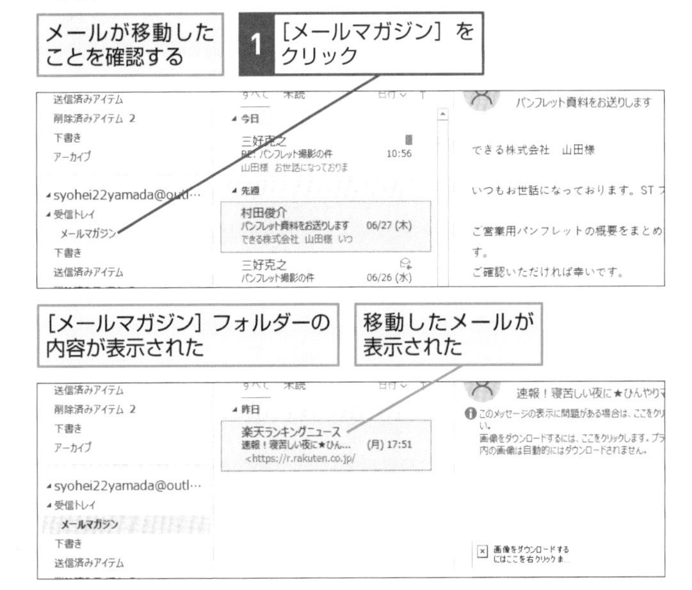

フォルダーウィンドウは開いたままにしておく

Point フォルダーでメールを分類できる

メールのように、大量に蓄積されていくアイテムは、メールの内容などでフォルダーを作って分類すると、ビューの表示をすっきりさせることができます。例えば、「個人宛に届いたメール」と、メールマガジンのような「不特定多数宛のメール」などの大きなくくりでフォルダーを作って分類するといいでしょう。ただし、たくさんフォルダーを作って、いちいちメールを分類するのは手間がかかり、作業が煩雑になります。分類するのが苦にならない程度にしておくのがお薦めです。

レッスン
19

メールが自動でフォルダーに移動されるようにするには

仕分けルールの作成

手動でメールを分類するのは大変です。新しく届いたメールや既存のメールを、条件にしたがって自動で任意のフォルダーに移動するように設定してみましょう。

1 分類したいメールを選択する

レッスン18を参考に、フォルダーウィンドウを表示しておく

受信したメールマガジンを自動的に[メールマガジン]フォルダーに移動するように設定する

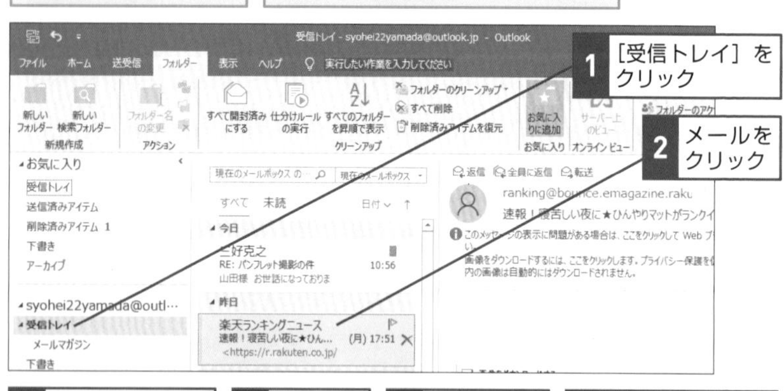

3 [ホーム]タブをクリック

4 [移動]をクリック

5 [ルール]をクリック

6 [仕分けルールの作成]をクリック

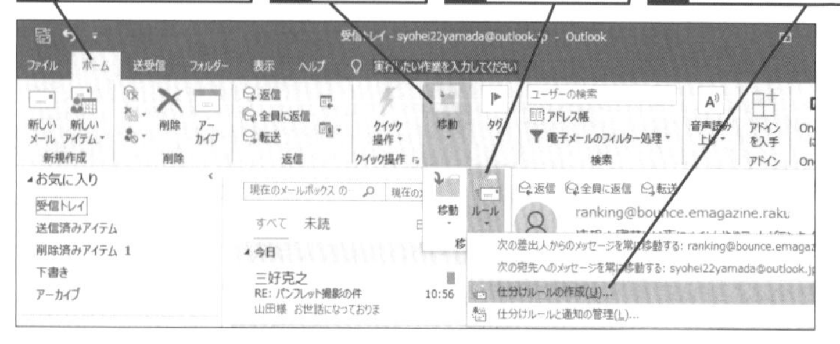

2 分類の条件を設定する

[仕分けルールの作成] ダイアログボックスが表示された

選択したメールの差出人や件名が条件に設定される

ここではメールの差出人を元にメールを分類する

1 [差出人が次の場合] をクリックしてチェックマークを付ける

選択したメールの差出人のメールアドレスが表示されている

2 [アイテムをフォルダーに移動する] をクリックしてチェックマークを付ける

手順3のダイアログボックスが表示されないときは、[フォルダーの選択] をクリックする

3 メールの移動先を設定する

[仕分けルールと通知] ダイアログボックスが表示された

1 [受信トレイ] のここをクリック

ここでは、レッスン18で作成した [メールマガジン] フォルダーを選択する

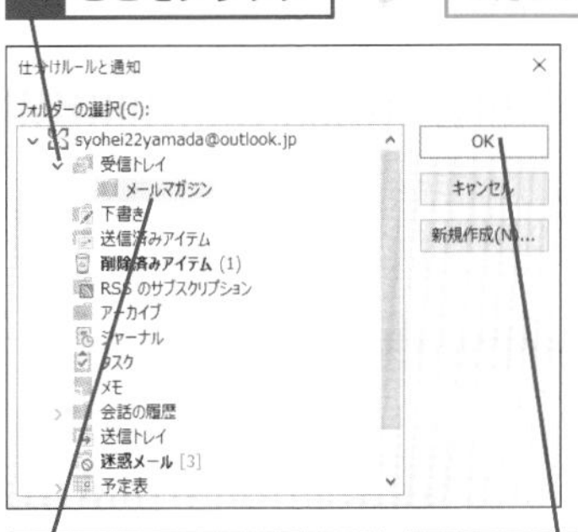

2 [メールマガジン] をクリック

3 [OK] をクリック

次のページに続く

4 仕分けルールを作成する

[仕分けルールの作成] ダイアログボックスが表示された

[アイテムをフォルダーに移動する] にチェックマークが付いた

設定した条件で仕分けルールを作成する

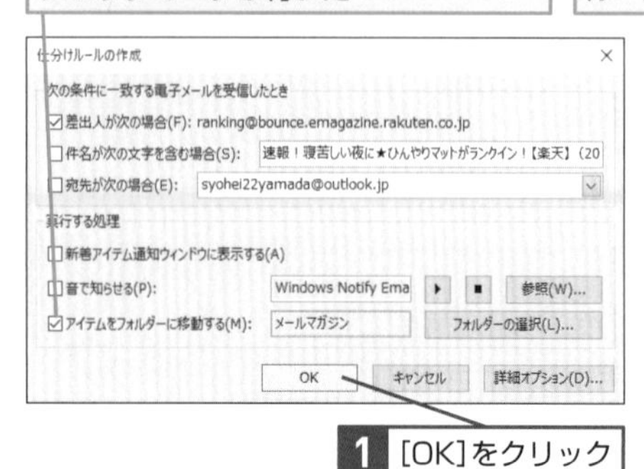

1 [OK]をクリック

Hint!

自動的にメールを削除するには

手順3で［削除済みアイテム］を選択すると、条件に合ったメールが自動で削除されるようになります。ただし、必要なメールが削除される場合もあるので、設定の際は注意してください。

Hint!

仕分けルールの順序を入れ替えるには

複数の仕分けルールがある場合、上から順に条件が適用されます。この順序は、ルールを選択し、[上へ] ボタン（▲）や [下へ] ボタン（▼）をクリックして、入れ替えることができます。

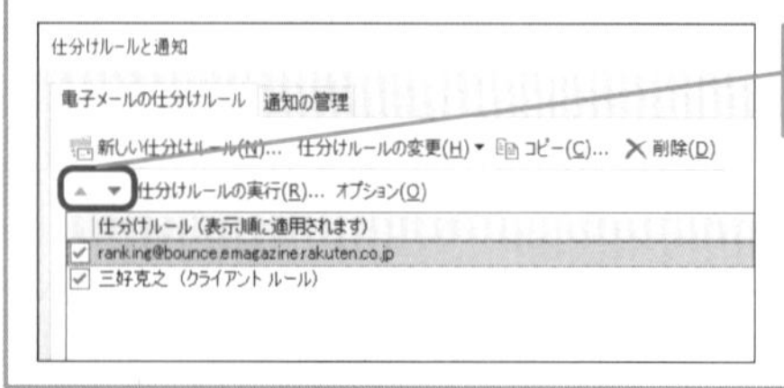

このボタンで仕分けルールの順序を変更できる

5 仕分けルールを実行する

[成功] ダイアログボックスが表示された

仕分けルールの名前が表示された

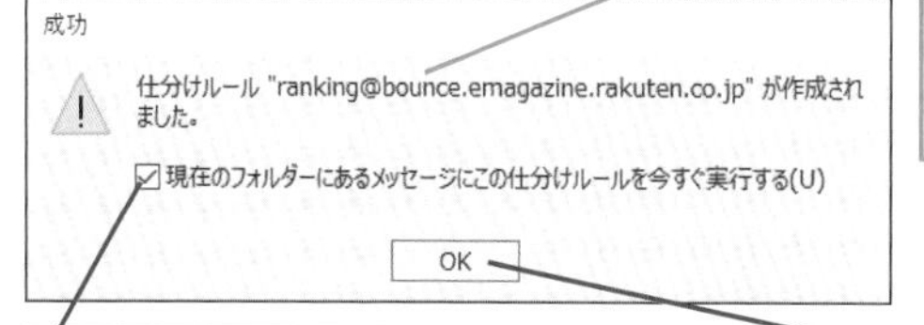

成功
仕分けルール "ranking@bounce.emagazine.rakuten.co.jp" が作成されました。
現在のフォルダーにあるメッセージにこの仕分けルールを今すぐ実行する(U)
OK

現在[受信トレイ]フォルダーにあるメールも設定した仕分けルールで仕分けする

1 [現在のフォルダーにあるメッセージにこの仕分けルールを今すぐ実行する] をクリックしてチェックマークを付ける

2 [OK] をクリック

[受信トレイ] フォルダーの中で条件に該当するメールが仕分けされた

この後受信したメールは、仕分けルールの条件で自動的に分類される

[フォルダーウィンドウの最小化] をクリックして、フォルダーウィンドウを最小化しておく

Point ルールを作ればメールが自動で仕分けされる

このレッスンでは、受け取ったメールから条件を作り、条件に合致したメールを自動的に指定のフォルダーに振り分ける方法を紹介しました。ただし、あまりにも細かい仕分けは逆効果です。自動的に仕分けられるとはいえ、届いたメールを見るために、いくつものフォルダーを順に開いて確認していくのは面倒です。フォルダーを作成する場合は、あまり細かく分類しようとせずに、最低限必要なフォルダーのみを作るようにしましょう。

レッスン
20

同じテーマのメールをまとめて読むには
関連アイテムの検索

特定のメッセージを基に、関連したメッセージを探し出してみましょう。指定したメッセージと同じ件名のメッセージだけをビューの一覧に表示できます。

1 関連するメールを表示する

[受信トレイ] フォルダーの内容を表示しておく

同じ件名でやりとりをしたメールを選択する

1 メールをクリック

同じ件名のメールをまとめて表示する

2 メールを右クリック

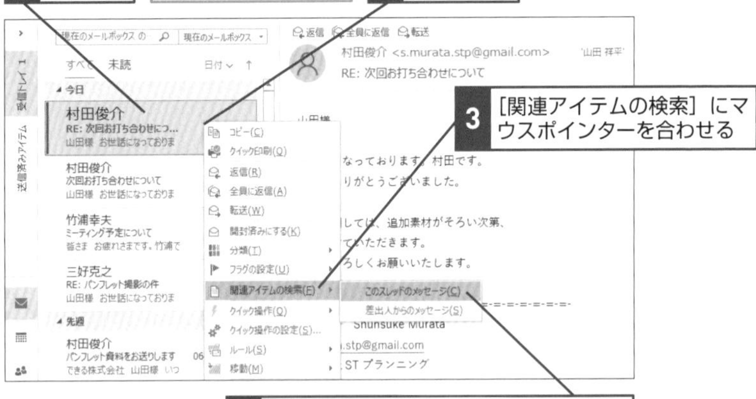

4 [このスレッドのメッセージ]をクリック

Hint!

「スレッド」って何?

最初に送信、または受信したメールに対して、相互に返信を繰り返してやりとりされた一連のメールは話題が同一であると見なされます。これを「スレッド」と呼び、スレッドで並べ替えたり、検索したりすることで、話題ごとにメールを並べ替えることができます。

2 関連するメールが表示された

同じ件名でやりとりをしたメールが検索された

同じ件名のメールがあるときは、そのメールも表示される

［検索ツール］の［検索］タブが表示された

［検索結果を閉じる］をクリックするとメッセージの一覧が表示される

⚠間違った場合は?

別のメールの関連メッセージを検索した場合は、検索結果のウィンドウを閉じ、もう一度手順1からやり直します。

Point 一連のやりとりをまとめて読める

特定の人とやりとりしたメールの数が増えた場合、通常の受信日基準の一覧では、1つの話題を時系列で確認しにくくなります。このレッスンの方法で関連メッセージを検索すれば、やりとりがスレッドにまとめられ、後からやりとりの経緯や内容を確認しやすくなります。手順1の操作を実行すると、件名から「RE:」を除いた文字がキーワードとなり、該当するメールが検索される仕組みになっています。繰り返しやりとりした一連のメッセージが表示されるようにするには、返信時に件名を変えないようにしましょう。

レッスン 21

特定の文字を含むメールを探すには

検索ボックス

特定のキーワードを含むメールを探すには、検索ボックスが便利です。検索ボックスにキーワードを入れるだけで、瞬時に該当のメールが見つかります。

1 文字を入力する

検索したいフォルダーの内容を表示しておく

ここでは［受信トレイ］フォルダーの内容を表示しておく

1 検索ボックスをクリック

Office 365の検索ボックスはタイトルバーにある

［検索ツール］の［検索］タブが表示された

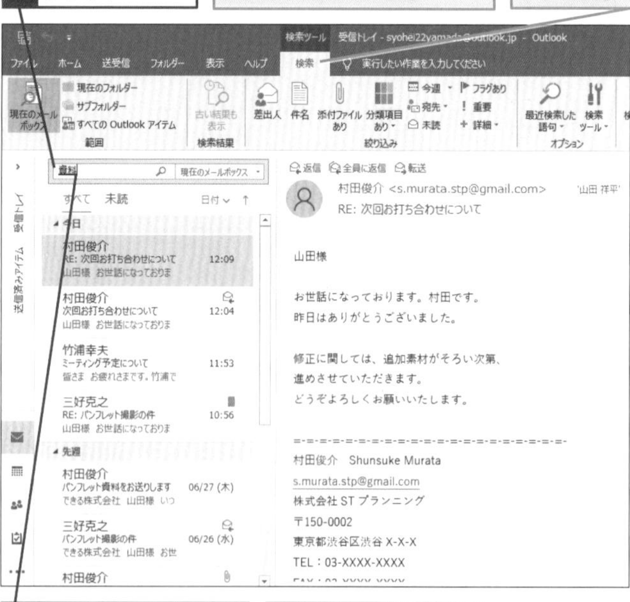

2 検索したい文字を入力

3 Enter キーを押す

2 検索した文字を含むメールが表示された

手順1で入力した文字を含むメールが表示された

検索した文字の部分が色付きで表示された

［検索結果を閉じる］をクリックすると、メッセージの一覧が表示される

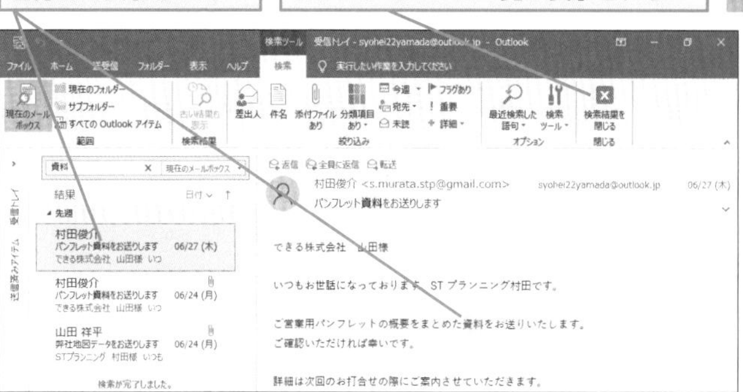

⚠間違った場合は？

キーワードの入力を間違えて、意図しない検索結果が表示された場合は、検索ボックス右側の［検索結果を閉じる］ボタン（×）か［検索ツール］の［検索］タブにある［検索結果を閉じる］ボタンをクリックしてキーワードを入力し直します。

Point 目的のメールを素早く見つけ出せる

過去に誰かからメールをもらったはずなのに、どのメールだったか思い出せない。受信するメールの数が多くなればなるほど、こうしたケースも多くなります。検索ボックスを使えば、キーワードを指定するだけで、そのキーワードが含まれるメールを一瞬で見つけ出せます。メール本文に含まれる語句だけではなく、差出人の名前や添付ファイル名なども検索対象になります。検索結果からメールをさらにスレッド表示させたり、並べ替えをしたりすることで、目的のメールを見つけます。

レッスン 22

さまざまな条件でメールを探すには

高度な検索

[高度な検索] ダイアログボックスを使えば、詳細な検索条件を組み合わせてメールを検索できます。ここでは件名と受信日の期間を指定して検索します。

第2章 メールを使う

1 検索に利用するフィールドを選択する

[受信トレイ] フォルダーの内容を表示しておく

レッスン21を参考に、[検索ツール] の [検索]タブを表示しておく

1 [検索ツール] をクリック

2 [高度な検索] をクリック

[高度な検索] ダイアログボックスが表示された

ここでは、[件名] というフィールドを選択する

3 [高度な検索] タブをクリック

4 [フィールド] をクリック

5 [よく使用するフィールド] にマウスポインターを合わせる

6 [件名] をクリック

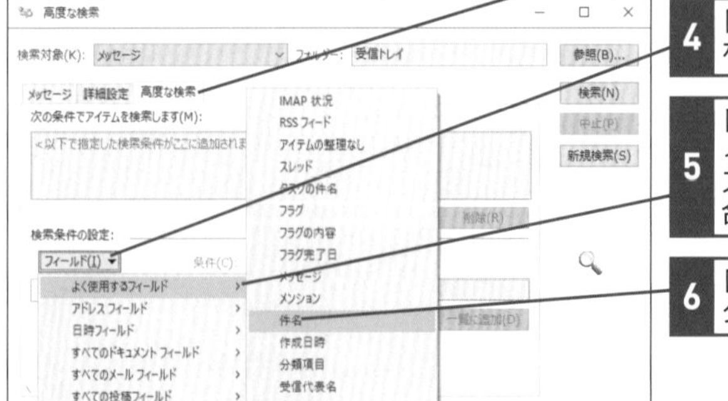

2 フィールドの条件と値を設定する

選択したフィールドが入力された

ここでは、「『件名』に『Microsoft』という文字を含む」という条件を設定する

1 [条件] のここをクリックして[次の文字を含む]をクリック

2 [値] に「Microsoft」と入力

3 [一覧に追加]をクリック

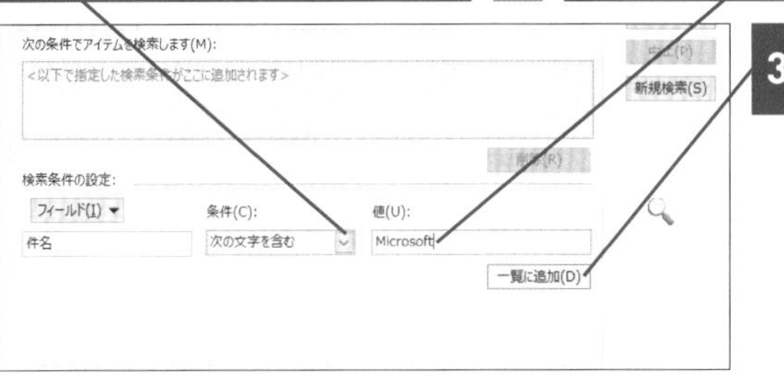

Hint! 検索対象は検索条件の前に変更しておく

[高度な検索] ダイアログボックスでは、検索対象が [メッセージ] に設定されています。検索対象を変更するときは、検索条件を指定する前に [検索対象] をクリックして [すべてのOutlookアイテム] を選んでください。

Hint! 検索対象を変更するとフィールドの内容も変わる

[高度な検索] ダイアログボックスで検索対象を変更すると、[検索条件の設定] の [フィールド] ボタンの一覧に表示される項目が変わります。

Hint! 日付のフィールドに合わせてフィールドの値を指定する

日付のフィールドを利用して検索条件を指定するには、[条件] に [以降] や [以前] [次の値の間] を選択します。このとき [値] に入力する日付は「/」(スラッシュ) か「-」(ハイフン) で区切って入力します。手順4では期間を指定するため、半角の空白を前後に含めて日付の間に「 and 」を入力しています。

次のページに続く

3 フィールドを追加して条件と値を設定する

[件名] のフィールドが追加された

ここでは、受信日時が2019年3月1日から2019年6月30日という条件を設定する

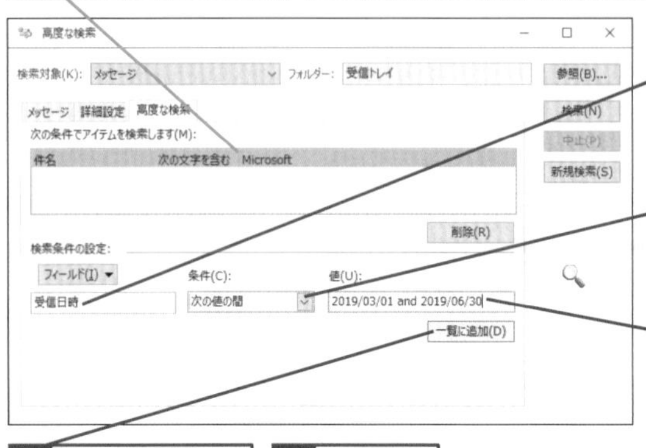

1 手順1を参考に[よく使用するフィールド] の [受信日時]を設定

2 手順2を参考に [次の値の間] を設定

3 [値] に「2019/03/01 and 2019/06/30」と入力

4 [一覧に追加] をクリック

5 [検索] をクリック

Hint! 条件の組み合わせに注意しよう

[高度な検索] ダイアログボックスで複数の条件を設定すると、すべての条件を満たす結果が求められます。これは「○○かつ××」というAND検索と呼ばれる方法です。ただし、日付に関しては「以降」と「以前」を組み合わせても「期間」にはなりません。さらに差出人のキーワードとして指定できるのは「表示名」だけです。メールアドレスは検索対象にできません。

Hint! 検索条件をすべて破棄するには

[高度な検索] ダイアログボックスで検索に利用するフィールドや条件をすべて設定し直すときは、[新規検索] ボタンをクリックします。「現在の検索条件をクリアします。」という警告のメッセージが表示されるので、[OK] ボタンをクリックしてください。

4 検索結果が表示された

複数の検索条件に合致するメールが表示された

ダブルクリックすると選択したメールが表示される

［閉じる］をクリックすると［高度な検索］ダイアログボックスが閉じる

間違った場合は?

間違った条件を指定して一覧に追加したときは、［次の条件でアイテムを検索します］の項目を選択し、［削除］ボタンをクリックします。条件を削除すると、条件の設定をやり直せます。

Point 検索で利用する条件を細かく指定できる

［高度な検索］ダイアログボックスを使えば、複数の検索条件を組み合わせることで、大量のメールから本当に求めているメールだけを正確に抽出できます。これまで紹介したレッスンの方法で目的のメールを探せなかったときは、このレッスンの方法でメールを検索してみましょう。

レッスン
23
探したメールをいつも見られるようにするには
検索フォルダー

同じ条件で検索を繰り返す可能性がある場合は検索フォルダーを作りましょう。条件に合致するアイテムだけが集められたように見える仮想的なフォルダーです。

ショートカットキー Ctrl ＋ Shift ＋ P ……［新しい検索フォルダー］ダイアログボックスの表示

第2章 メールを使う

1 ［新しい検索フォルダー］ダイアログボックスを表示する

［受信トレイ］フォルダーの内容を表示しておく

1 ［フォルダー］タブをクリック

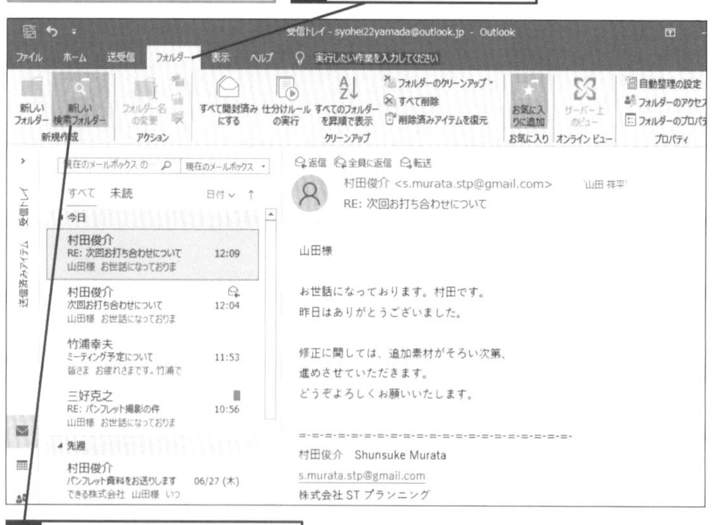

2 ［新しい検索フォルダー］をクリック

Hint!

フォルダーウィンドウの［検索フォルダー］からも作成できる

ここで作成する検索フォルダーは、手順4のようにフォルダーウィンドウ内に一覧表示されます。この［検索フォルダー］という見出しを右クリックすることでも、新規に検索フォルダーを作成できます。

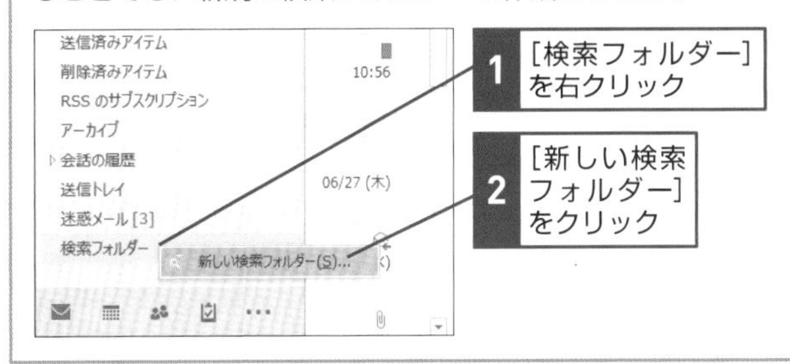

2 検索フォルダーの種類を選択する

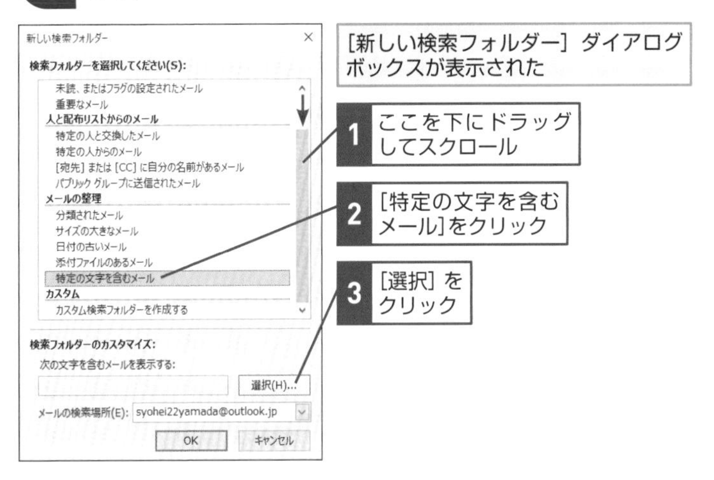

⚠間違った場合は?

次ページのHint!を参考に検索フォルダーを削除して、再度手順1から操作してください。検索フォルダーを削除しても、検索されたメールは削除されません。

次のページに続く

3 検索する文字を設定する

[文字の指定] ダイアログボックスが表示された

1 検索する文字を入力

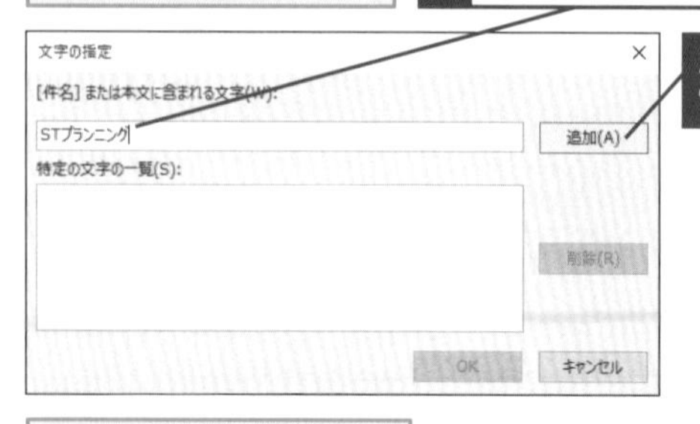

2 [追加] をクリック

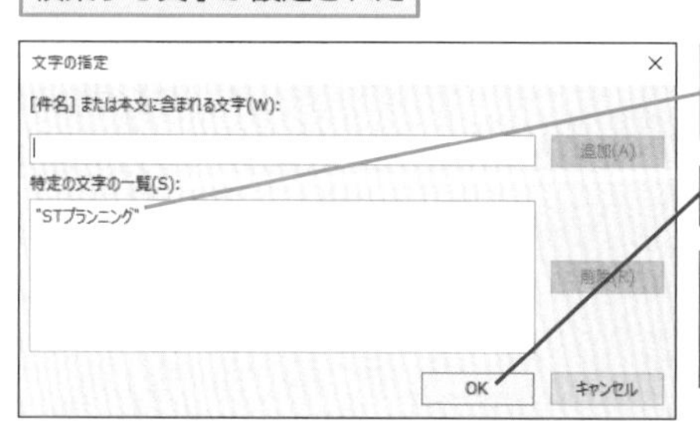

ほかにも検索したい文字があれば追加する

3 [OK]をクリック

4 [新しい検索フォルダー] ダイアログボックスの[OK]をクリックする

Hint!

検索フォルダーを削除するには

検索フォルダーはいつでも削除できます。フォルダーウィンドウで不要な検索フォルダーを右クリックして削除します。

1 フォルダーウィンドウで検索フォルダーを右クリック

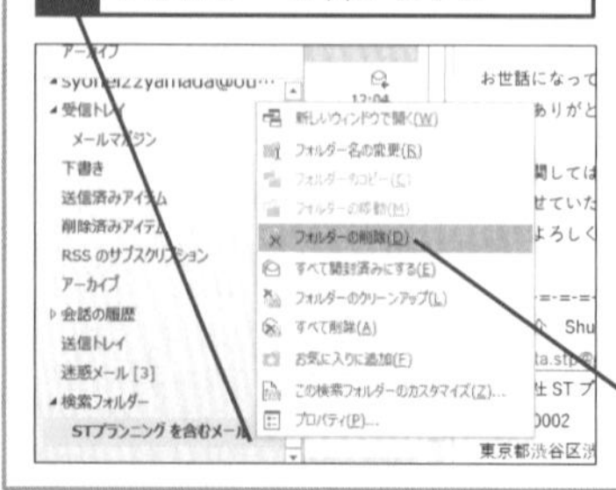

2 [フォルダーの削除]をクリック

4 検索結果が表示された

「STプランニング」の文字を含むメールだけが表示された

1 ［フォルダーウィンドウの展開］をクリック

［受信トレイ］をクリックすれば、元の画面に戻る

5 検索フォルダーを確認する

［検索フォルダー］に［STプランニングを含むメール］が追加された

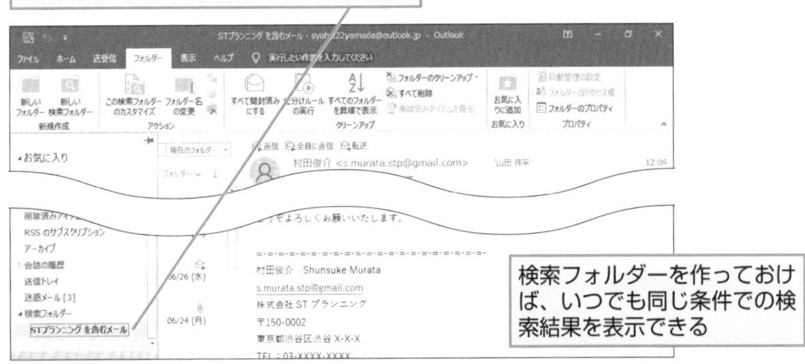

検索フォルダーを作っておけば、いつでも同じ条件での検索結果を表示できる

Point その時点での最新検索結果が得られる

検索フォルダーは頻繁に同じ条件で検索をする場合に便利です。検索条件を設定したフォルダーを作っておき、そのフォルダーを開いたときに条件検索が実行され、最新の検索結果が表示されます。

ステップアップ！

優先受信トレイを表示しないようにするには

Outlookには優先受信トレイと呼ばれる特別なフォルダーがあります。このフォルダーは、過去のメールの送受信履歴から重要だと思われるメールだけを集めたものです。便利ですが、重要なメールが振り分けられず読み落としてしまう可能性もあります。本書では、この特別なフォルダーを使わずにレッスンを進めます。次の手順で優先受信トレイを無効に設定しておきましょう。

優先受信トレイを非表示にする

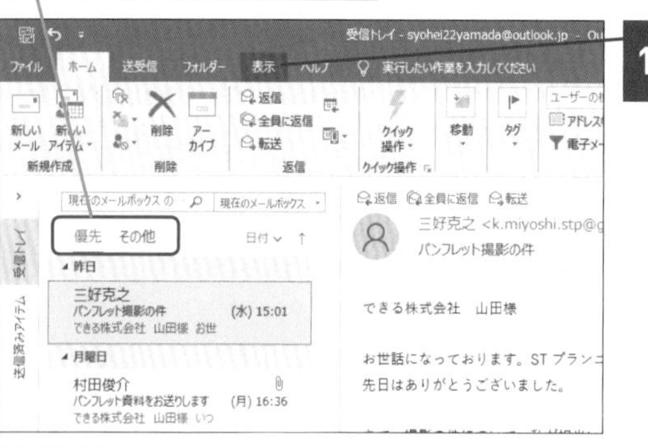

1 [表示] タブをクリック

[表示]タブが表示された

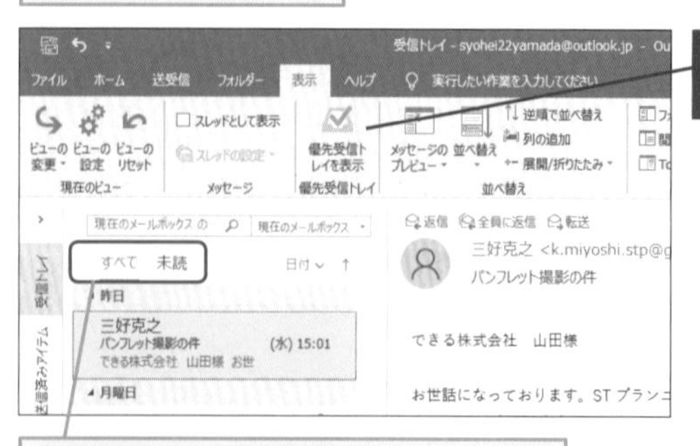

2 [優先受信トレイを表示]をクリック

優先受信トレイが非表示になり、メールが[すべて]と[未読]に分類された

第3章

予定表を使う

Outlookでスケジュールを管理することで、これまで使っていた紙の手帳では考えられなかった便利さが手に入ります。スケジュール管理は、ビジネスにおいて、とても重要な要素の1つです。それをどう効率的なものにするかでワークスタイルが大きく変わります。

レッスン 24

スケジュールを管理しよう

予定表の役割

Outlookを利用すれば、ボタン1つで1日、1週間、1カ月といった形式に切り替えて予定を表示できます。ここでは、ビューの概要と予定表の画面を紹介します。

Outlookでのスケジュール管理

紙の手帳に記入したスケジュールは、記入した状態でしか参照ができません。別のレイアウトで参照したいときは、別途、年間予定表などに転記する作業が必要です。Outlookなら、入力した情報を月間や週間、また、1日の予定表などに自在に切り替えて参照できます。レイアウトを変えても個々のアイテムに変更を加える必要はなく、転記の手間もありません。

◆[日]ビュー
予定を1日単位で表示する

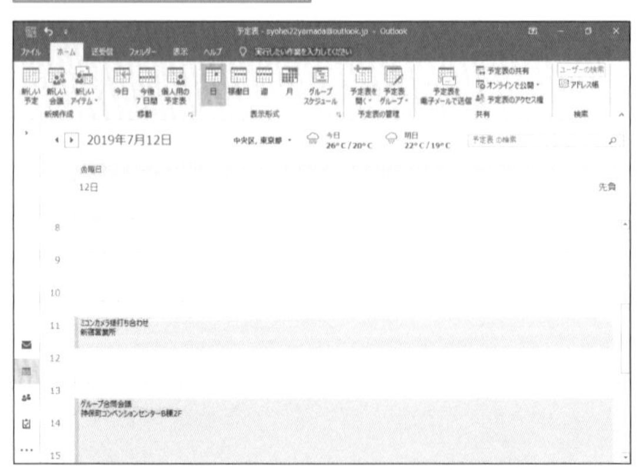

◆[稼働日]ビュー
土日や夜間を省いて表示する

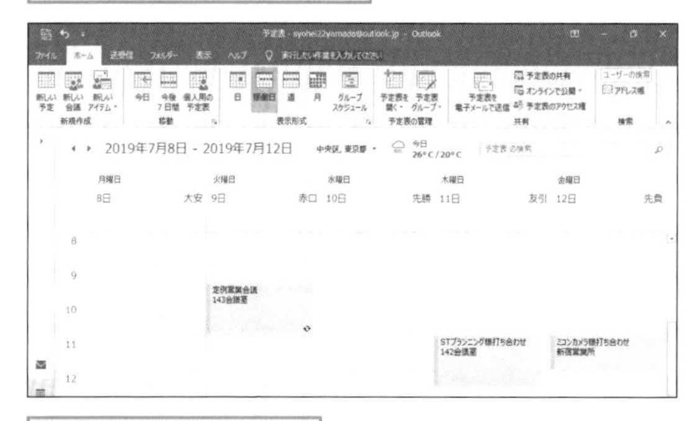

◆[週]ビュー
予定を週単位で表示する

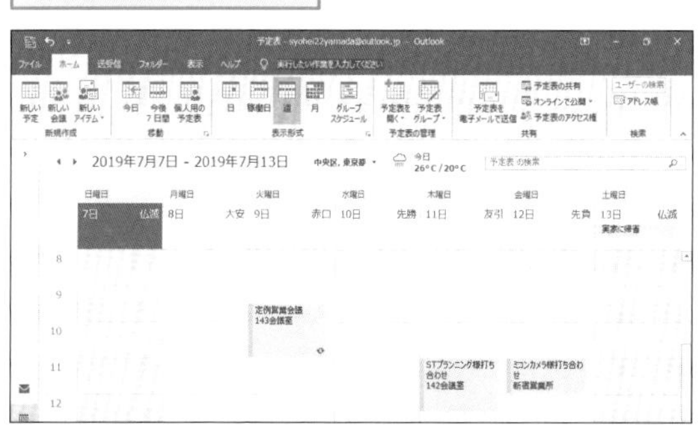

◆[月]ビュー
予定を月単位で表示する

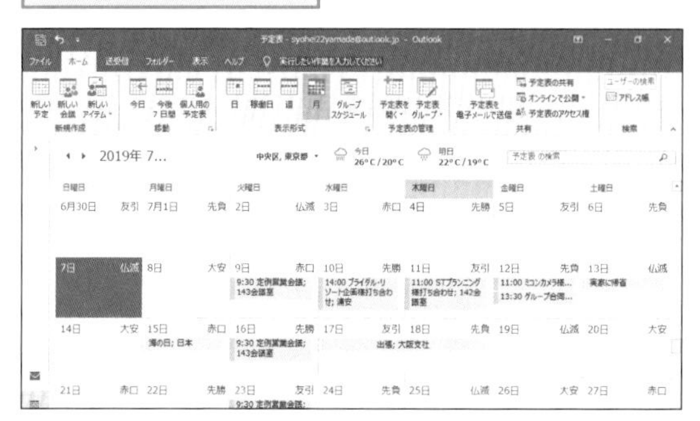

次のページに続く

予定表の画面

ナビゲーションバーの［予定表］をクリックすると、予定の一覧が表示されます。下の画面は［週］のビューに切り替えた一例ですが、標準の設定では［月］のビューで予定が表示されます。また、フォルダーウィンドウを展開すると、画面の左側にカレンダーナビゲーターが常に表示されます。カレンダーナビゲーターを利用すれば、今日の日付や予定のある日付をすぐに確認できて便利です。

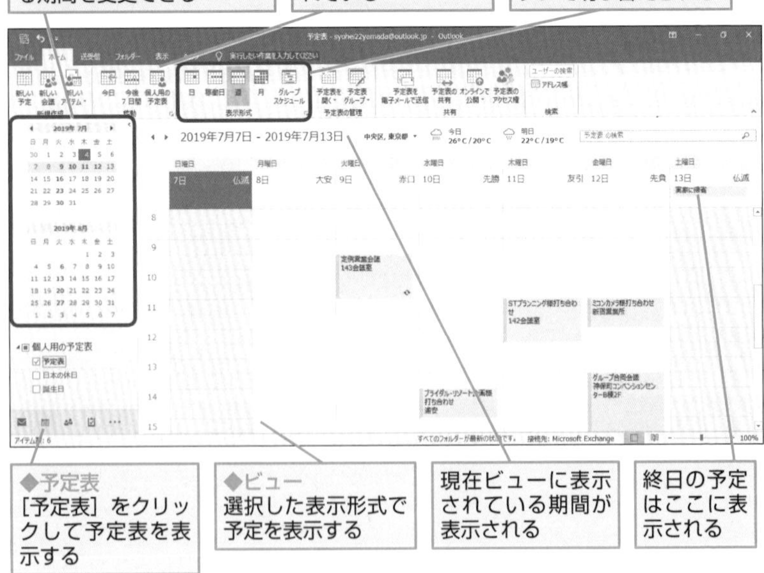

◆カレンダーナビゲーター
フォルダーウィンドウを展開すると表示される。日付や月をクリックして表示する期間を変更できる
◆リボン
予定表に関するさまざまな機能のボタンがタブごとに分類されている
◆［表示形式］グループ
予定表の表示形式をボタンで切り替えられる
2019年7月7日 - 2019年7月13日
◆予定表
［予定表］をクリックして予定表を表示する
◆ビュー
選択した表示形式で予定を表示する
現在ビューに表示されている期間が表示される
終日の予定はここに表示される

●カレンダーナビゲーターの表示

今日の日付は、青い背景色で表示される

ビューに表示されている期間は、水色で表示される

予定が登録されている日は、太字で表示される

Hint!

たくさんの予定を1画面に表示できる

多くの予定を一覧で表示するには、以下の手順で操作するといいでしょう。予定の一覧は［開始日］の［昇順］で表示されますが、［件名］や［場所］［分類項目］で並べ替えが可能です。週単位や月単位の表示に戻すには、操作1～2を繰り返し、操作3で［予定表］をクリックします。なお、レッスン30の方法で予定表に祝日を追加すると、こどもの日や海の日などの祝日が予定表に表示されます。

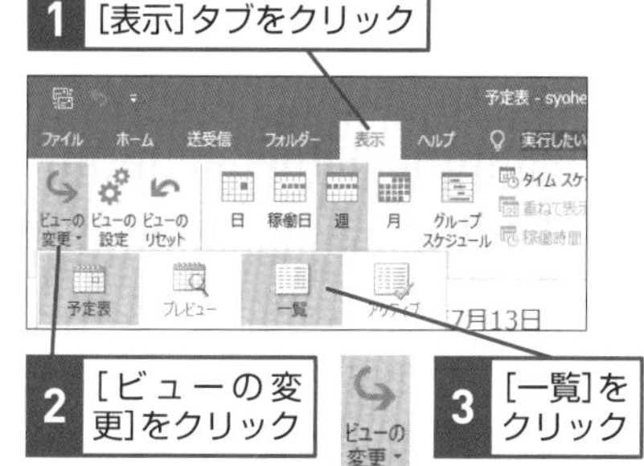

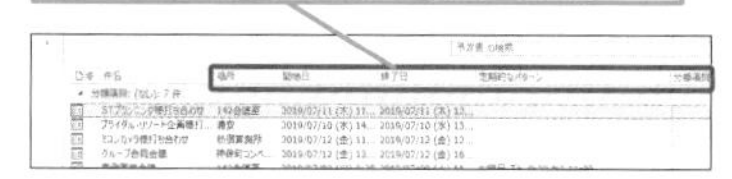

項目名をクリックすると、一覧がその項目別に並べ替えられる

Point 来年以降の予定も管理できる

Outlookの予定表は紙の手帳と違い、1年分という区切りがあるわけではありません。ですから、年度が変わるたびに新しい手帳を用意しなければならないといった不便もありません。必要なら、来年や再来年に予定している長期休暇や旅行などのイベントを予定に登録することも可能です。

レッスン
25

予定を確認しやすくするには

カレンダーナビゲーター、ビュー

ビューを切り替えて、予定を日ごとや週ごと、月ごとに表示してみましょう。カレンダーナビゲーターを利用すると、表示する期間を簡単に切り替えられます。

ショートカットキー　Ctrl＋2……予定表の表示
Ctrl＋Alt＋1……［日］ビューの表示
Ctrl＋Alt＋4……［月］ビューの表示

第3章　予定表を使う

1 予定表を表示する

［予定表］の画面を表示する

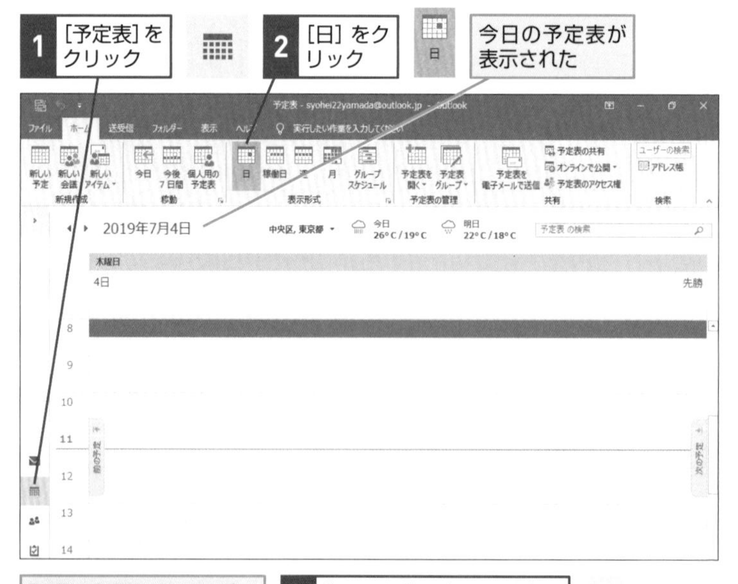

画面の左側にカレンダーナビゲーターを表示する

3 ［フォルダーウィンドウを展開］をクリック

Hint!

画面を切り替えずにプレビューできる

予定表以外のフォルダーの内容を表示していても、ナビゲーションバーの[予定表] ボタンにマウスポインターを合わせると、当月のカレンダーと直近の予定が表示されます。

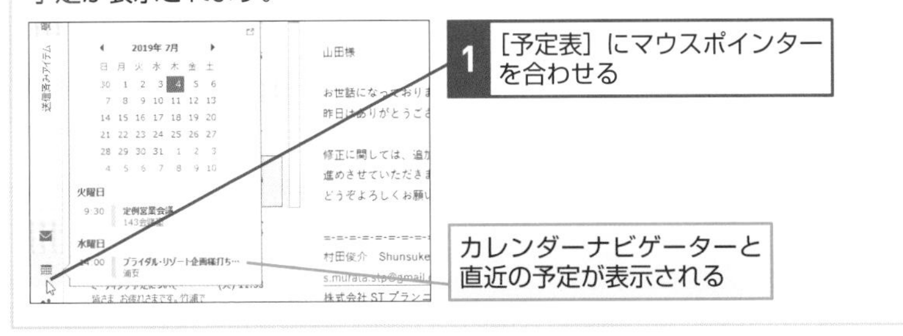
1 [予定表] にマウスポインターを合わせる
カレンダーナビゲーターと直近の予定が表示される
2019年 7月
火曜日
水曜日
山田様

間違った場合は?

手順1で [予定表] 以外をクリックしてしまったときは、あらためて [予定表] をクリックします。

2 カレンダーナビゲーターで予定表を週単位に切り替える

カレンダーナビゲーターが表示された
クリックした日付の予定が表示される
予定表 - syohei22yamada@outlook.jp - Outlook
2019年 7月
個人用の予定表
予定表
日本の休日
1 週の先頭にマウスポインターを合わせる
マウスポインターの形が変わった
2 そのままクリック

次のページに続く

3 予定表を月単位に切り替える

選択した週の予定が表示された

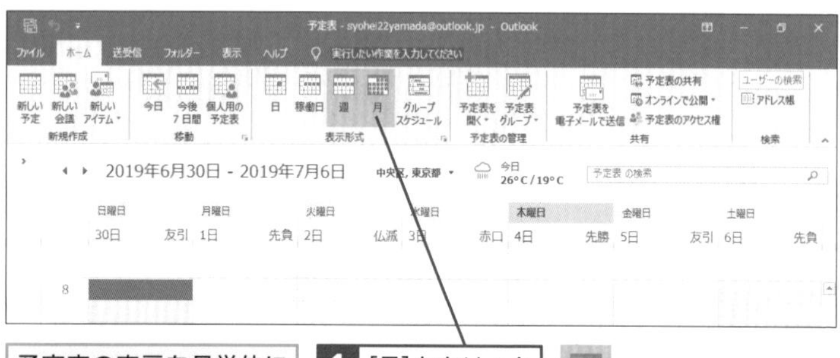

予定表の表示を月単位に切り替える

1 [月]をクリック

月

カレンダーナビゲーターの表示を切り替えるには

カレンダーナビゲーターに表示される月は、画面の解像度によって変わります。目的の月が表示されていないときは、以下の手順で表示する月を変更するといいでしょう。

●ボタンで選択

ここをクリックすると前後の月を表示できる

●一覧から選択

1 ここをクリック

表示された一覧から月を変更できる

今日の予定表に戻るには

[ホーム] タブの [今日] ボタンをクリックすると、今日の日付を含む予定表が表示されます。

4 予定表が月単位に切り替わった

選択中の月の予定が表示された

[進む] をクリックすると翌月の予定表を表示できる

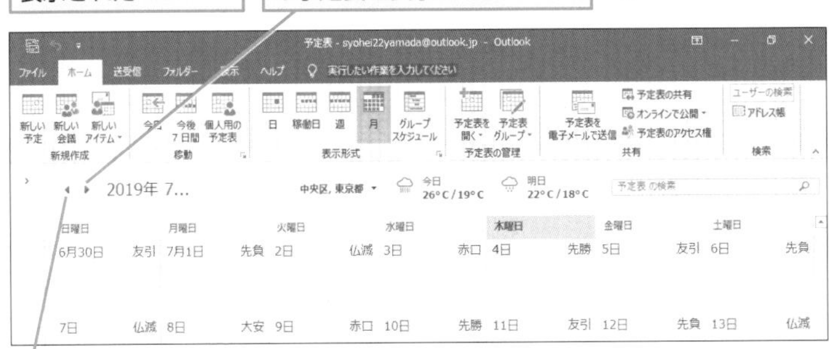

[戻る] をクリックすると前の月の予定表を表示できる

Hint!

指定した日数分の予定を表示できる

ショートカットキーを使うと、最大10日間までの予定を1画面に表示できます。Altキーを押しながら数字の1～9のキーを押すと、選択した数字のキーに応じた期間の予定が表示されます。10日分の予定を確認するときは、Alt+0キーを押してください。なお、カレンダーナビゲーターで連続した日付をドラッグすると、その期間にある予定だけが表示されます。

Point ビューを切り替えてスケジュールを確認しよう

翌週の予定を問い合わせる電話があったり、ミーティングの最後に次回の日程を決めたりするときは、該当する予定の前後に、ほかの予定が入っていないかを確認します。この日のこの時間帯なら空いているということを確認するために、ビューをうまく利用して目的の日や週をすぐに表示できるようにしましょう。週単位や日単位で予定を確認すれば、空き時間や行動予定を効率よく把握できるようになります。

レッスン
26

予定を登録するには

新しい予定

新しい予定を登録してみましょう。[予定] ウィンドウには、予定の概要を表す「件名」や場所、開始時刻、終了時刻を入力するフィールドが用意されています。

ショートカットキー　Alt＋S……保存して閉じる
Ctrl＋Shift＋A……新しい予定の作成

1 日時を選択して予定を作成する

7月10日 の11:00 ～ 12:30に打ち合わせの予定を入れる

レッスン25を参考に10日を含む週の予定表を表示しておく

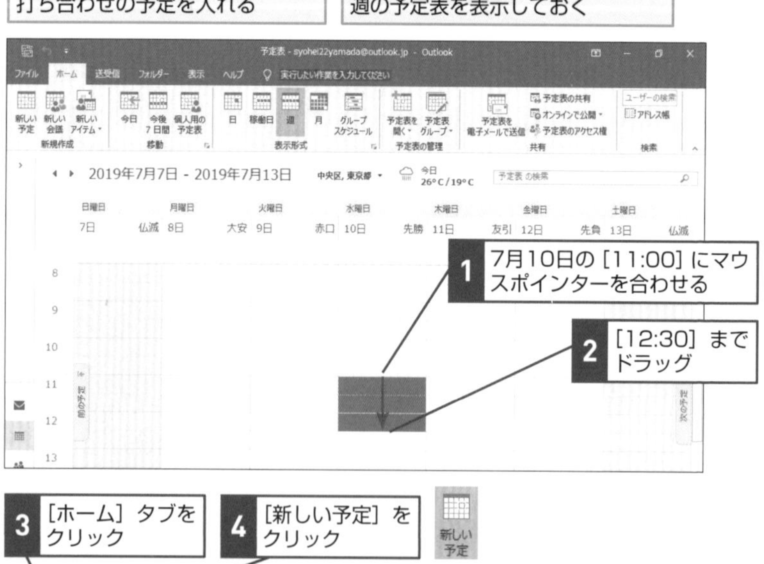

1 7月10日の [11:00] にマウスポインターを合わせる

2 [12:30] までドラッグ

3 [ホーム] タブをクリック

4 [新しい予定] をクリック

Hint!

予定の件名をすぐに入力するには

手順1で日時をドラッグして選択した後にEnterキーを押すと、カーソルが表示されます。文字を入力すると、入力した文字がそのまま予定の件名になります。

間違った場合は？

手順1で、ドラッグの途中でマウスのボタンから指を離してしまった場合は、もう一度最初からドラッグし直してください。

Hint!

日時は後から指定してもいい

手順1で日付や時間帯を選択しないで［ホーム］タブの［新しい予定］ボタンをクリックすると、選択した週の開始日が選択されて［予定］ウィンドウが表示されます。［開始時刻］や［終了時刻］を変更して予定を登録しましょう。

2 予定の件名を入力する

［予定］ウィンドウが表示された

1 件名を入力

2 場所を入力

3 手順1で選択した開始時刻、終了時刻が入力されていることを確認

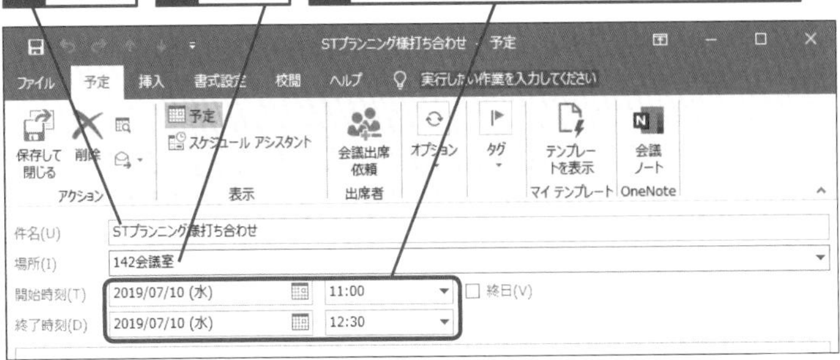

時刻を直接入力すると、1分単位で入力できる

リボン内のアイコンがすべて表示されるように、［予定］ウィンドウの幅を広げておく

次のページに続く

3 アラームを解除する

ここではアラームが表示されないように設定する

1 ［アラーム］のここをクリック

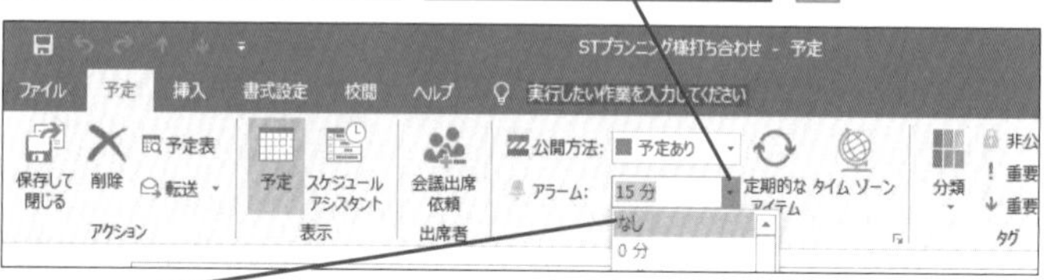

2 ［なし］をクリック

4 入力した予定を保存する

予定の入力を完了する

1 ［保存して閉じる］をクリック

入力した予定が予定表に表示される

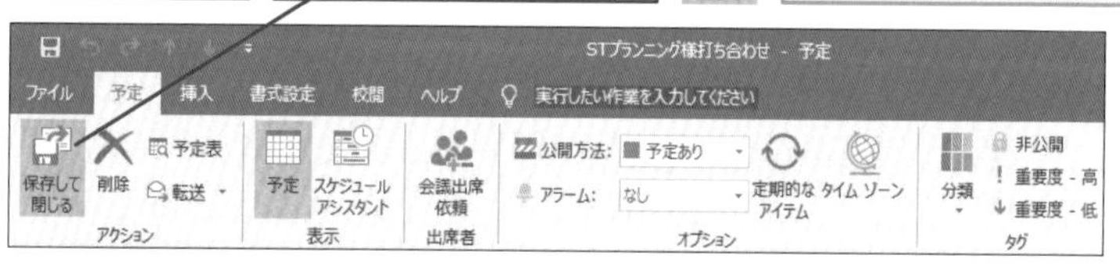

Hint!

予定に関するメモを残せる

手順3では下の図のように、予定に関する関連情報を入力できます。待ち合わせ場所の最寄り駅のほか、目的地の地図や乗り換えの経路などのURLなどを入力しておくといいでしょう。また、議事録などのメモを残しておくと、後からすぐに参照できて便利です。メモにはファイルや画像を添付することもできますが、利用しているサービスによっては挿入ができない場合もあります。

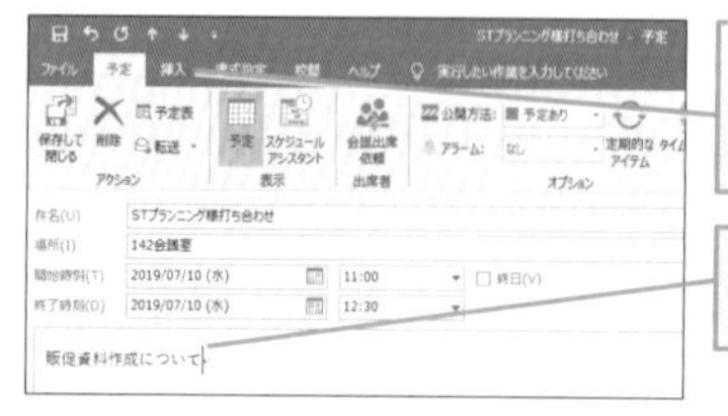

［挿入］タブをクリックすると、予定にファイルや画像を添付できる

予定についてのメモを入力できる

Hint!

予定表アイテムに色分類項目を設定できる

登録した予定に色分類項目を指定できます。メールのほかにタスクなどのアイテムで共通の分類項目を利用できます。

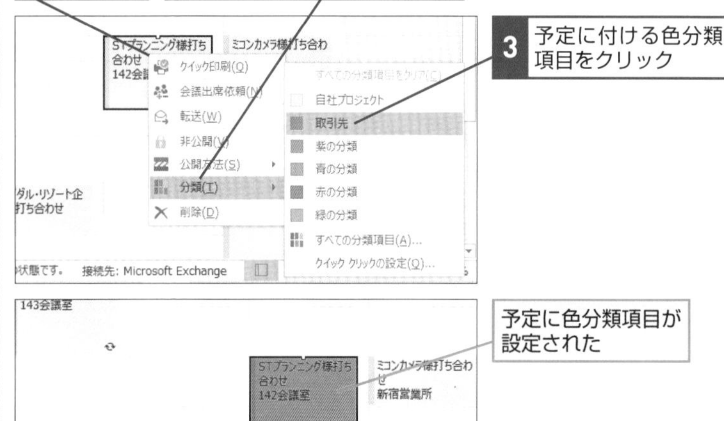

1 予定を右クリック

2 [分類]にマウスポインターを合わせる

3 予定に付ける色分類項目をクリック

Point 決まった予定はすぐに登録しておこう

このレッスンで紹介したように、予定にはさまざまな情報を登録できます。日時は後からでも簡単に変更できるので、何か予定が決まったら、忘れないうちにすぐに登録しましょう。前ページのHint!で紹介したように、会議や打ち合わせに関する議事録やメモを残しておくと、当日にどんなことをしたのかをすぐに思い出せて便利です。また、最寄り駅や訪問先に関する情報を残しておけば、再度同じ場所に行くときに情報を調べ直す手間を省けます。なお、予定に情報を追記する方法は、次のレッスン27で紹介します。

レッスン
27

予定を変更するには

予定の編集

すでに入力済みの予定に、日時や本文などの変更を加えてみましょう。議事録などの記録にも便利です。紙の手帳と違い、スペースに制約はありません。

ショートカットキー Alt + S……保存して閉じる
Ctrl + O……開く

1 予定の日付を変更する

変更を加えたい予定を表示しておく

1 変更する予定をダブルクリック

[予定] ウィンドウが表示された

2 [開始時刻] のここをクリック

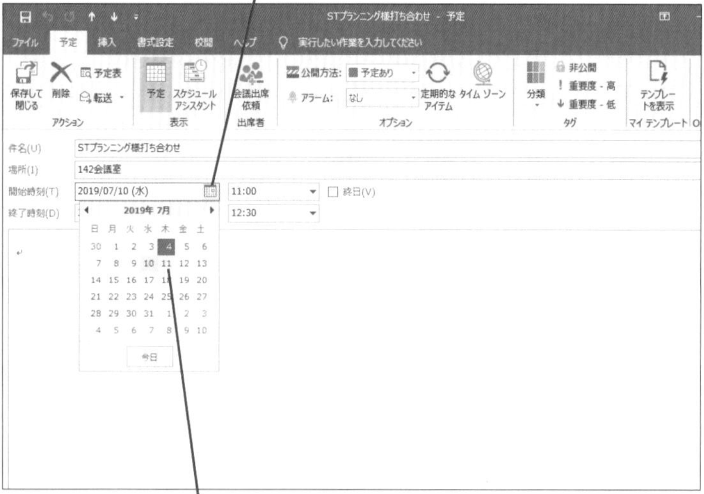

カレンダーが表示された

3 新しい日付をクリック

2 予定に情報を追加する

予定の日付が | [終了時刻]の日付が | ここをクリックすると
変更された | 自動的に変更された | 時刻も変更できる

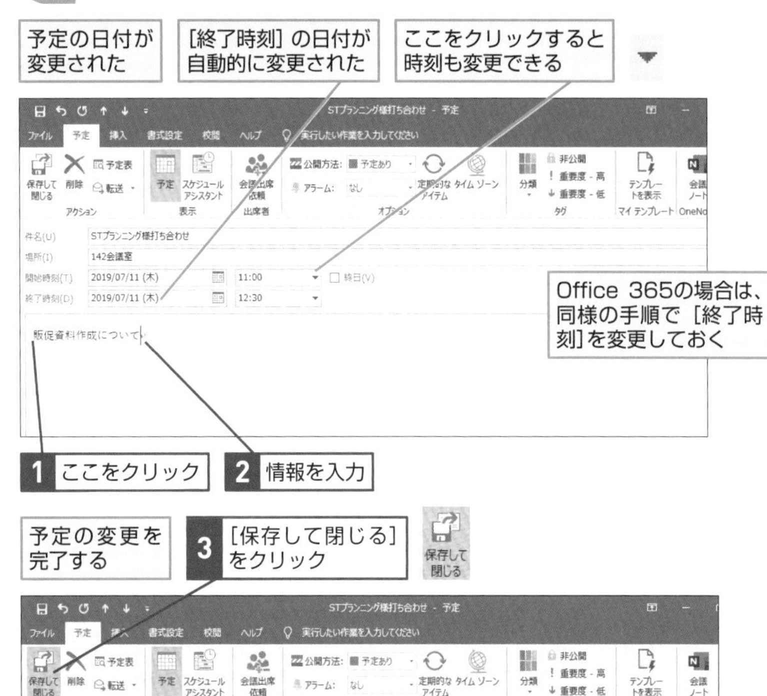

Office 365の場合は、同様の手順で[終了時刻]を変更しておく

1 ここをクリック　　**2** 情報を入力

予定の変更を完了する　　**3** [保存して閉じる]をクリック

設定した日時に予定が変更される

Point ダブルブッキングに注意しよう

時刻や場所が変わったときは、このレッスンの方法で予定の内容を変更しましょう。予定を削除して新しく予定を登録し直しても構いませんが、大切なメモなどが残されていないかを確認してから削除を実行するといいでしょう。また、Outlookでは、同じ時間帯に複数の予定を登録できます。しかし、そのままダブルブッキングにならないよう、予定を忘れずに調整し直してください。

レッスン 28 毎週ある会議の予定を登録するには

定期的な予定の設定

定例会議やスクールのレッスンなど、繰り返される予定を定期的な予定として管理できます。各回ごとに予定を登録する必要はありません。

ショートカットキー Alt + S……保存して閉じる

1 日時を選択して定期的な予定を作成する

ここでは、毎週火曜日の9:30～11:00に行う定例会議を予定に登録する

レッスン25を参考に、最初の予定を登録する週を表示しておく

最初の予定日時をドラッグして選択する

1 火曜日の［9:30］から［11:00］までドラッグ

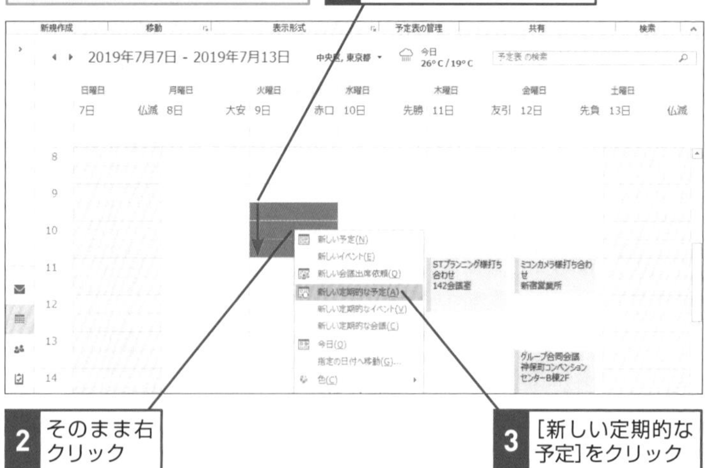

2 定期的な予定を設定する

[定期的な予定の設定]ダイアログボックスが表示された

ここでは、毎週火曜日に予定が繰り返されるようにする

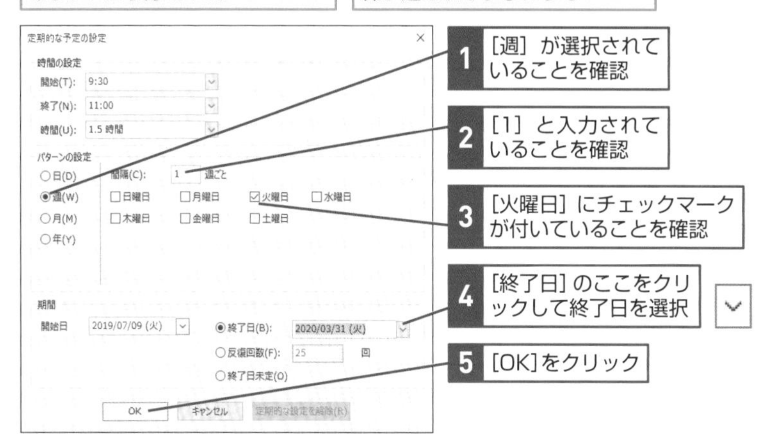

通常の予定と同様に、件名や場所などを入力する

6 件名を入力

7 場所を入力

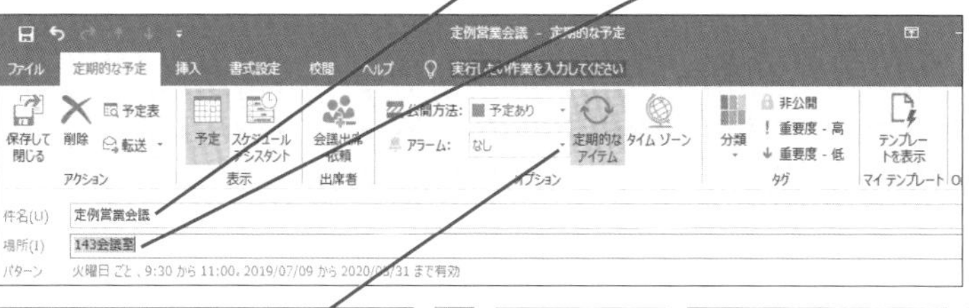

8 [アラーム]のここをクリックして[なし]を選択

予定の入力を完了する

9 [保存して閉じる]をクリック

選択した日時から終了日まで、定期的に繰り返す予定が登録される

Point 毎週や毎月の決まった予定を一度で登録できる

場所と時刻が一定で、特定のパターンで繰り返される予定は、定期的な予定として設定しておきます。日、週、月ごとの予定はもちろん、「隔週の水曜日」といった頻度でも設定が可能です。

レッスン
29

数日にわたる出張の予定を登録するには

イベント

終日の予定は「イベント」として登録するといいでしょう。出張や展示会などの予定をイベントとして入力すれば、時間帯で区切った予定とは別に管理できます。

ショートカットキー Alt＋S……保存して閉じる

1 数日にわたる期間を選択する

ここでは、7月18日～19日に大阪に出張する予定を登録する

レッスン25を参考に、予定を登録する週を表示しておく

1 最初の日にマウスポインターを合わせる

2 最後の日までドラッグ

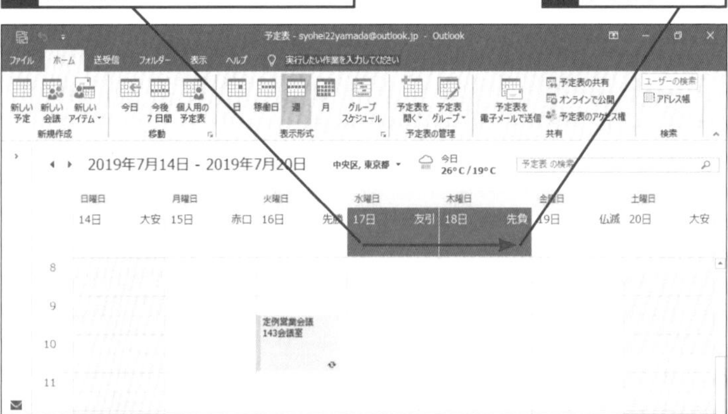

Hint!

入力済みの予定を終日の予定に変更するには

開始時刻を指定した予定も、後から終日の予定に変更できます。アイテムをダブルクリックして開き、[開始時刻] の [終日] をクリックしてチェックマークを付けます。

2 イベントを作成する

数日にわたる期間を選択できた

選択した期間にイベントとして予定を作成する

1 [新しい予定]をクリック

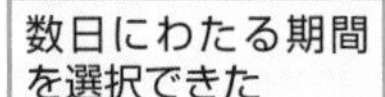

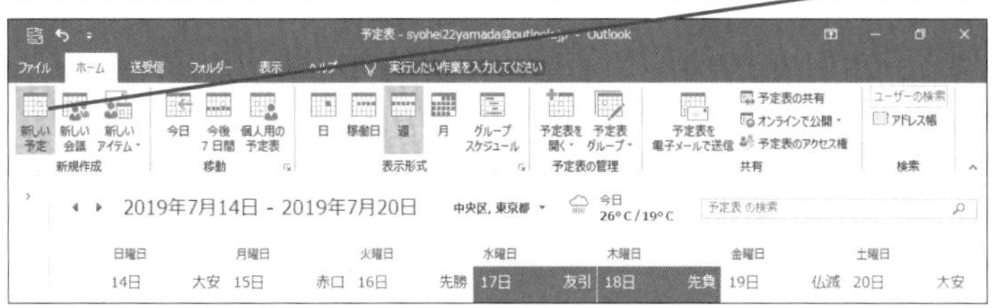

[イベント] ウィンドウが表示された

通常の予定と同様に、件名や場所などを入力する

2 件名を入力

3 場所を入力

4 [アラーム] のここをクリックして[なし]を選択

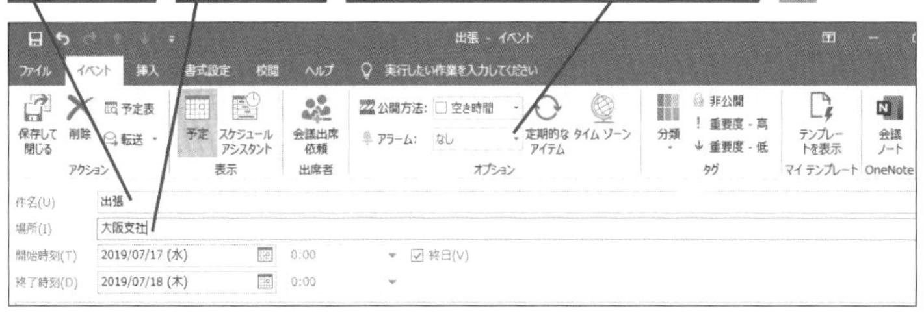

イベントの入力を完了する

5 [保存して閉じる] をクリック

選択した期間で終日の予定が登録される

Point 予定とイベントを使い分ける

商品の発売日のように開始時刻のない予定や、出張や展示会など数日間にわたる予定は、その日付や期間に「イベント」として登録しておきます。Outlookにおけるイベントは「日」単位で設定できる終日の予定です。終日とは午前0時から翌日午前0時までの24時間を意味します。入力されたイベントは予定表の上部に期間として表示されるので、ほかの予定と区別しやすくなっています。

レッスン
30

予定表に祝日を表示するには

祝日の追加

予定表を使いやすくするために、祝日の情報を設定しておきましょう。ここでは、Outlookにあらかじめ用意された祝日から、日本の祝日を取り込みます。

1 [予定表に祝日を追加] ダイアログボックスを表示する

[ファイル] タブの [オプション] をクリックして、[Outlookのオプション]ダイアログボックスを表示しておく

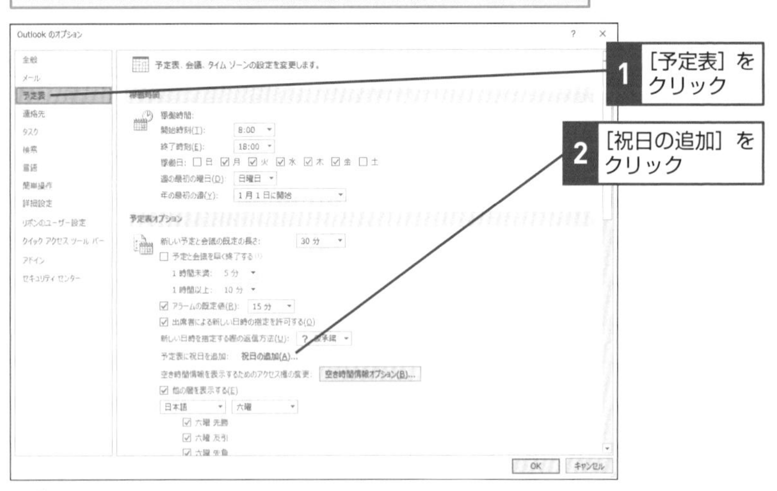

Hint!

Outlookで利用できる祝日情報とは

Outlook 2019には、祝日情報が用意されていますが、2027年以降の休日に関しては、手で入力する必要があります。なお、Microsoftアカウントを使用している場合は、このレッスンの方法を使わず、Outlook.comに用意された[日本の休日]カレンダーを表示する方法もあります。詳しくは、レッスン32を参照してください。

2 国名を選択する

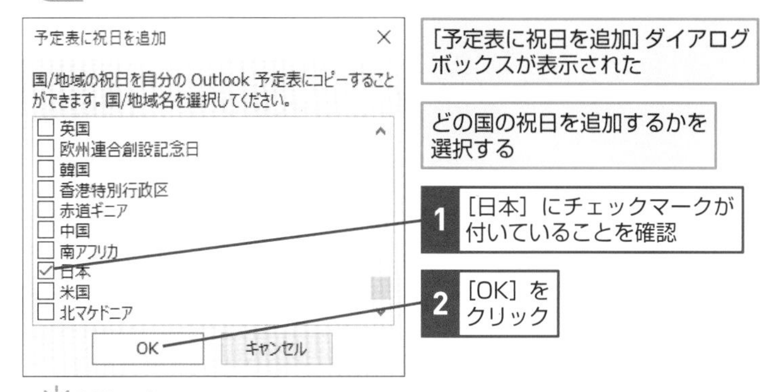

Hint!

暦の表示を切り替えられる

予定表の日付には、標準の設定で「大安」や「赤口」などの六曜が表示されています。[Outlookのオプション] ダイアログボックスは、六曜の表示と非表示を切り替えることができます。六曜では、大安のみを表示するといった設定ができるほか、干支や旧暦の表示も可能です。好みに合わせて設定しておきましょう。

[ファイル]タブの[オプション]をクリックして、[Outlookのオプション]ダイアログボックスを表示しておく

ここでは暦を [干支]に変更する

Outlook のオプション
全般
メール
予定表
連絡先
タスク
検索
言語
簡単操作
詳細設定
リボンのユーザー設定
クイック アクセス ツール バー
アドイン
アラームの既定値(R): 15 分
出席者による新しい日時の指定を許可する(O)
新しい日時を指定する際の返信方法(U): ? 仮承諾
予定表に祝日を追加: 祝日の追加(A)...
空き時間情報を表示するためのアクセス権の変更:
他の暦を表示する(E)
日本語 六曜
旧暦
六曜
干支
六曜 先勝
六曜 友引
六曜 先負
六曜 仏滅
六曜 大安
六曜 赤口
組織外に会議出席依頼を送信するときは iCalendar 形式を

1 [予定表] をクリック

2 [六曜] のここをクリック

3 [干支] をクリック

チェックボックスをクリックすると、六曜の表示と非表示を個別に切り替えられる

4 [OK] をクリック

暦が干支に変更される

次のページに続く

3 祝日が取り込まれた

日本の祝日が予定表に取り込まれる

完了を確認するダイアログボックスが表示された

1 [OK]をクリック

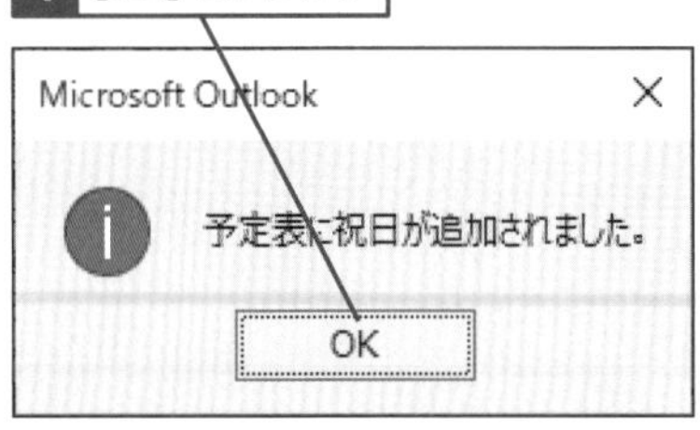

[Outlookのオプション] ダイアログボックスが表示された

2 [OK] をクリック

日本の祝日が終日のイベントとして予定表に追加される

Hint!

祝日のデータをまとめて削除できる

他国の祝日情報を一時的に追加した場合や、Outlook.comの［日本の休日］カレンダーを使うために追加済みの祝日アイテムが必要なくなった場合は、祝日アイテムを削除しておきましょう。同じ日に祝日情報が重複して表示されることがなくなります。

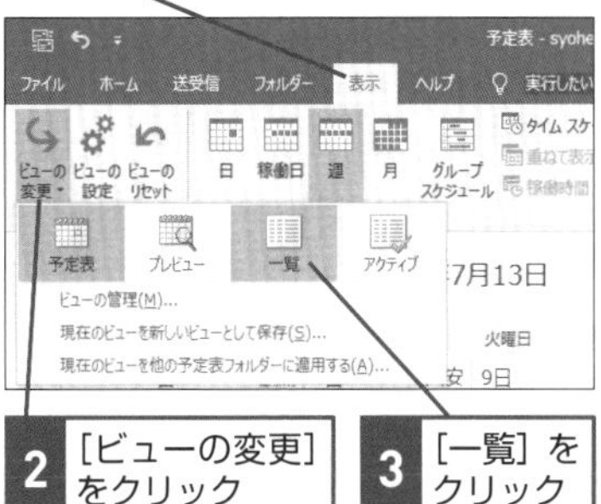

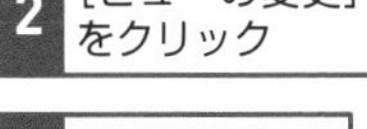

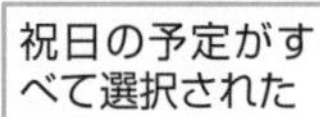

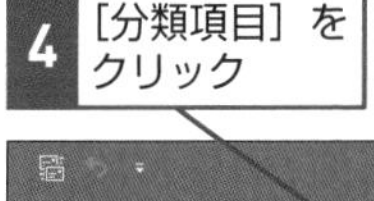

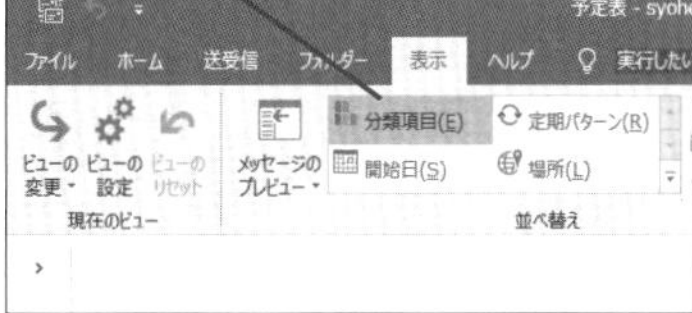

アイテムが分類項目別に表示された

5 ［分類項目: 祝日］をクリック

 2 ［ビューの変更］をクリック **3** ［一覧］をクリック

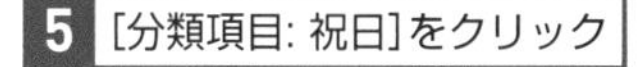

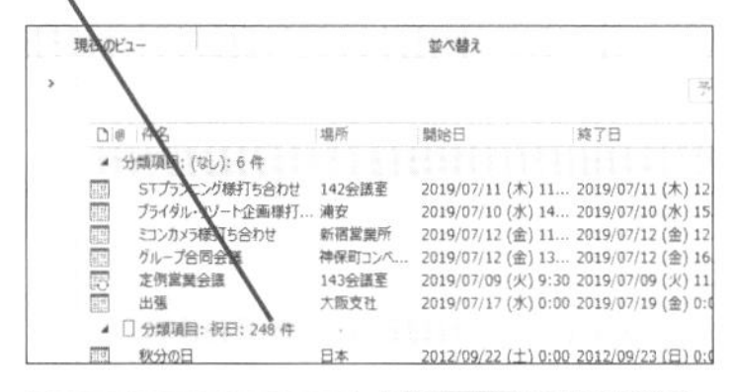

祝日の予定がすべて選択された

6 Delete キーを押す

 4 ［分類項目］をクリック

 7 ［OK］をクリック

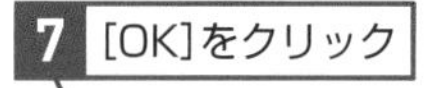

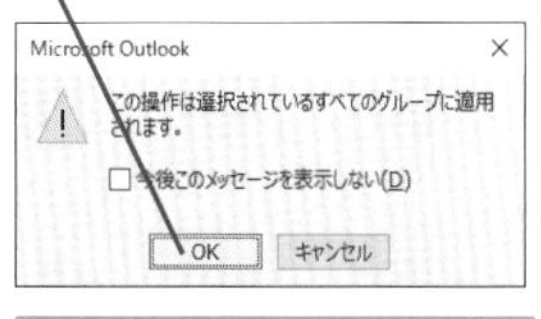

追加された祝日がまとめて削除される

Point

祝日は終日の予定として登録される

このレッスンで予定表に取り込まれた祝日情報は、あらかじめ用意された終日の予定です。祝日が日曜日に重なった場合の振替休日なども追加されます。分類項目として「祝日」、場所として「日本」が割り当てられている以外は通常の予定と同じです。削除や移動もできてしまうので、扱いには注意してください。

レッスン
31

予定を検索するには

予定の検索

紙の予定表では、目的の予定を探し出すのは大変です。Outlookの予定表に登録した予定は、キーワードや場所、日付などの条件から瞬時に検索できます。

ショートカットキー Ctrl＋Alt＋K……現在のフォルダーを検索
Ctrl＋E……すべての予定表アイテムの検索

第3章 予定表を使う

1 予定を検索する

予定表を表示しておく

1 検索ボックスをクリック

2 検索する文字を入力

3 Enterキーを押す

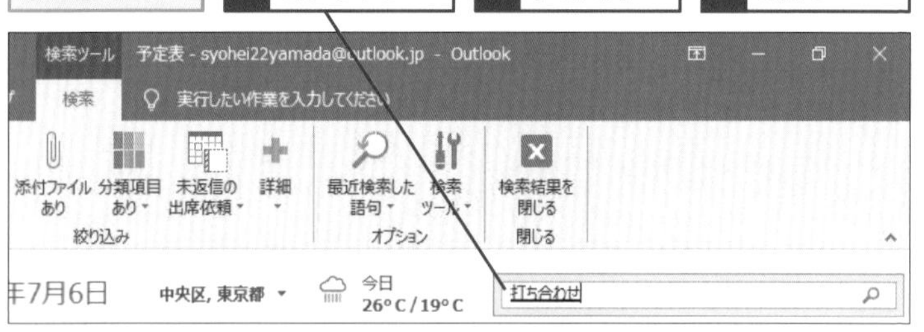

入力した文字を含む予定が表示された

検索した文字の部分が色付きで表示された

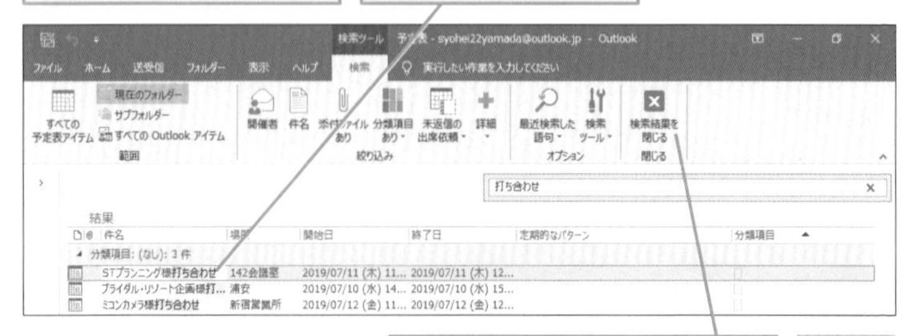

［検索結果を閉じる］をクリックすると予定表が表示される

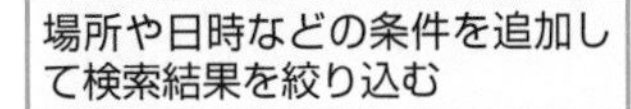

2 検索結果を絞り込む

場所や日時などの条件を追加して検索結果を絞り込む

ここでは場所で絞り込む

1 [検索ツール] の [検索] タブをクリック

2 [詳細] を クリック

3 [場所] を クリック

[場所] の検索ボックスが追加された	**4** [場所] に検索する文字を入力	**5** Enter キーを押す

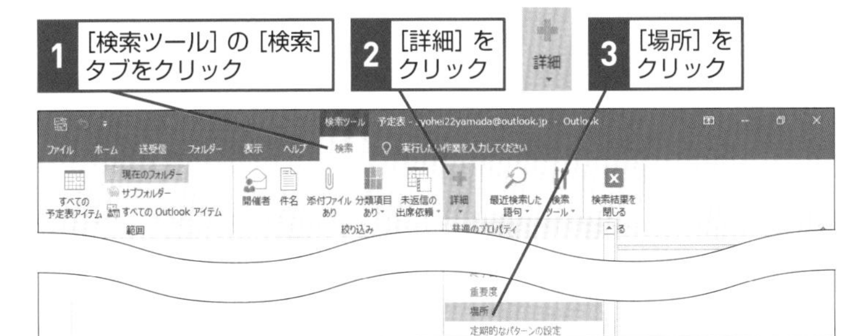

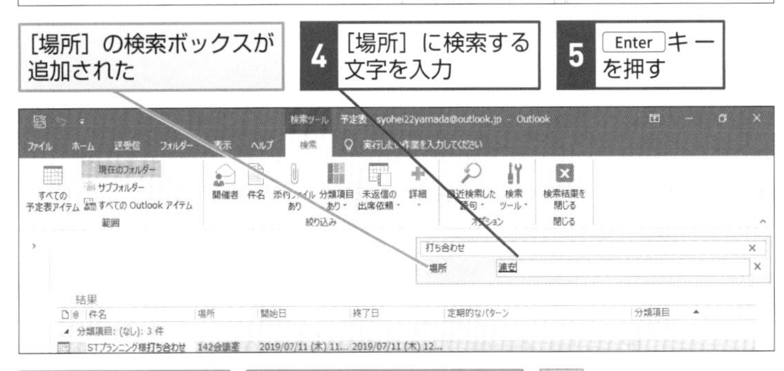

検索結果が場所で絞り込まれる

[削除] をクリックすると検索条件が解除される

Point 予定を過去の記録として活用する

Outlookで管理している予定は、自分の行動記録にもなります。例えば、「外出や出張が多く、後から交通費を精算するのが大変」という場合でも、予定や関連情報をこまめに登録しておけば、決まった条件で情報を検索でき、すぐに内容を確認できます。また、会議や打ち合わせのメモを予定に残しておけば、それらのキーワードから必要な情報を参照でき、議事録などの作成に役立てられます。

レッスン 32

複数の予定表を重ねて表示するには

重ねて表示

Outlookでは、複数の予定表を扱うことができます。これらの予定表を重ね合わせて表示すれば、自分の予定と照らし合わせる作業が容易になります。

1 予定表を重ねて表示する

予定表を表示しておく

ここではOutlook.comの［日本の休日］を表示する

1 ［日本の休日］をクリックしてチェックマークを付ける

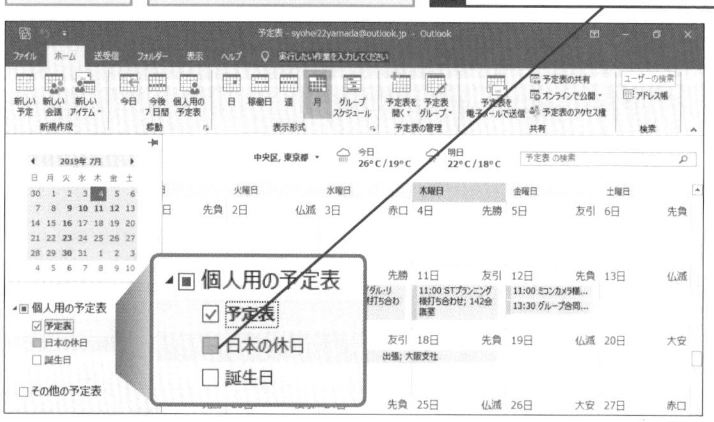

チェックマークを付けた予定表が表示された

追加した予定表は、画面の右側に別の色で表示される

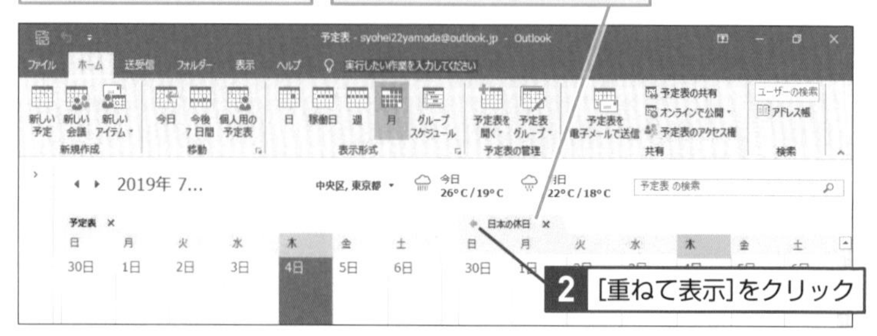

2 ［重ねて表示］をクリック

2 予定表の重なり順を変更する

予定表が重なって表示された

[日本の休日] の予定表が濃い色で表示されている

[日本の休日] の予定表を背面に表示する

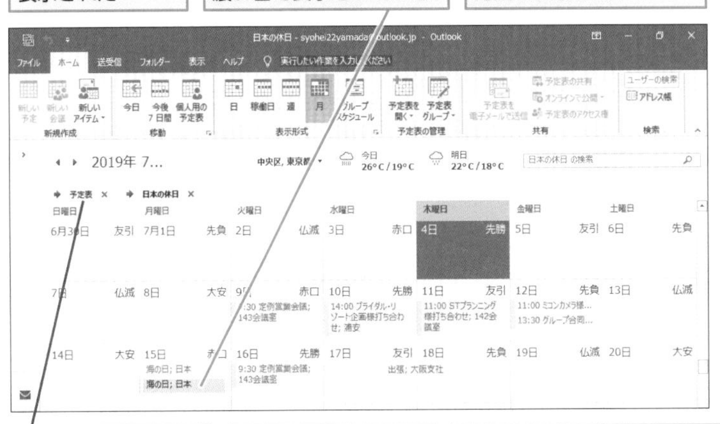

1 [予定表] タブをクリック

背面の予定表が前面に表示される

新しい予定は最前面に表示されている予定表に追加される

Hint!

新しい予定表を作成するには

予定表は目的別に追加することができます。[フォルダー] タブの [新しい予定表] ボタンをクリックすると、[予定表] フォルダーに新規の予定表を作成できます。

Point

予定の種類に応じて別の予定表を追加できる

複数の予定表を使うと、関連する一連の予定の表示、非表示を簡単に切り替えられて便利です。プライベートとビジネスの予定表を別にしたり、会議室の予約状況を予定表にしたりするなど、いろいろな応用が可能です。さらに、Googleカレンダーのようなサービスの予定表も追加できます。詳しくは、次のレッスン33を参照してください。

レッスン 33

GoogleカレンダーをOutlookで見るには

インターネット予定表購読

Googleカレンダーを使っている場合は、Outlookでも表示できます。自分のカレンダーだけでなく、公開されているほかのユーザーのカレンダーも表示できます。

ショートカットキー Ctrl＋C……コピー
Ctrl＋V……貼り付け

Googleカレンダーの表示用リンクをコピーする

1 Googleカレンダーを表示する

あらかじめGoogleアカウントを作成し、Googleカレンダーに予定を登録しておく

ここでは自分のGoogleカレンダーをOutlookで表示するために、限定公開URLを取得する

Microsoft Edgeを起動しておく

1 アドレスバーに下記のURLを入力

2 Enterキーを押す

▼GoogleカレンダーのWebページ
https://www.google.com/calendar

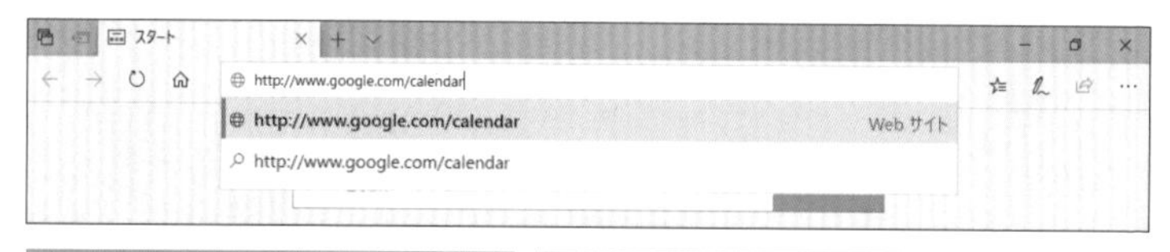

Googleカレンダーのログイン画面が表示される

Googleアカウントでログインしておく

2 カレンダーの非公開URLを表示する

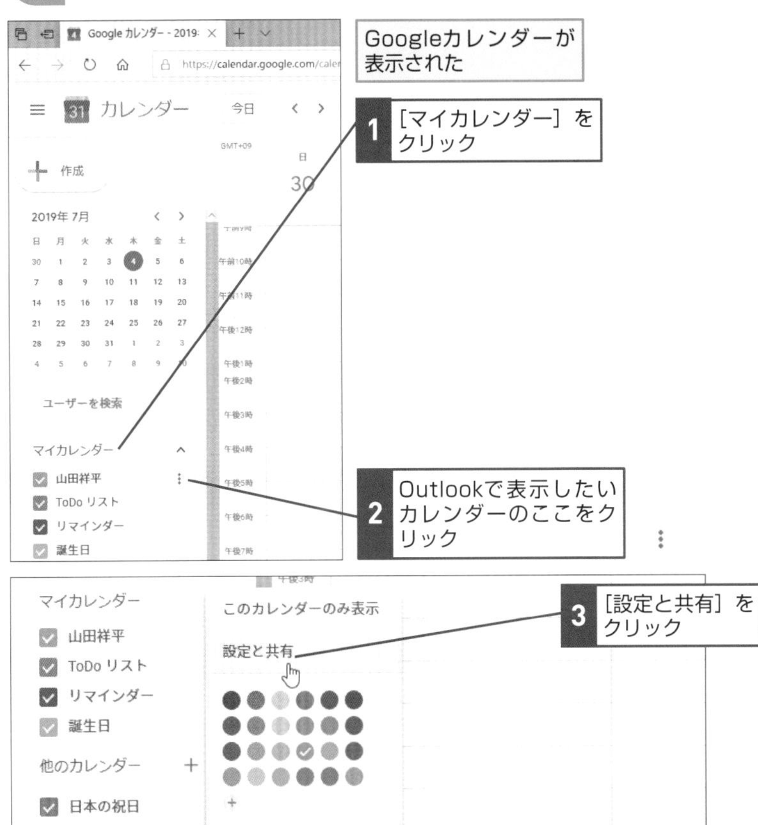

1 [マイカレンダー] をクリック

2 Outlookで表示したいカレンダーのここをクリック

3 [設定と共有] をクリック

[カレンダーの設定] 画面が表示された

4 ここを下にドラッグしてスクロール

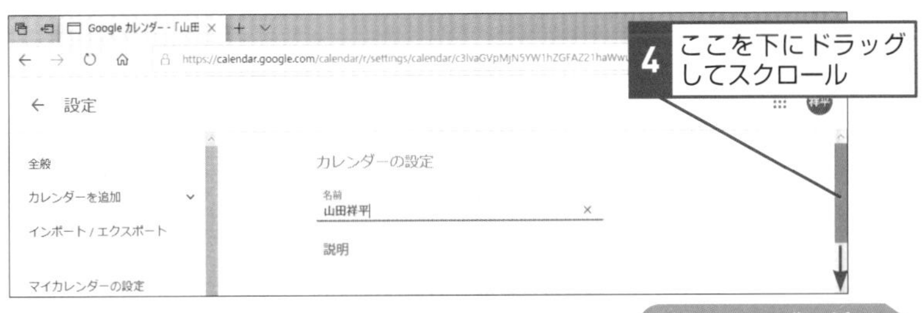

次のページに続く

3 カレンダーの非公開URLをコピーする

Outlookの予定表にGoogleカレンダーを追加する

4 [新しいインターネット予定表購読] ダイアログボックスを表示する

Outookの［予定表］の画面を表示しておく

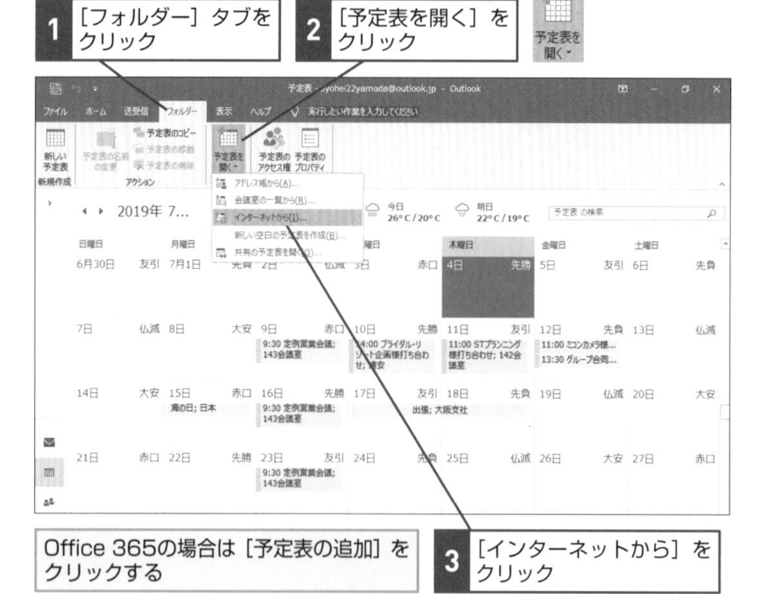

5 Googleカレンダーの購読を設定する

[新しいインターネット予定表購読]ダイアログボックスが表示された

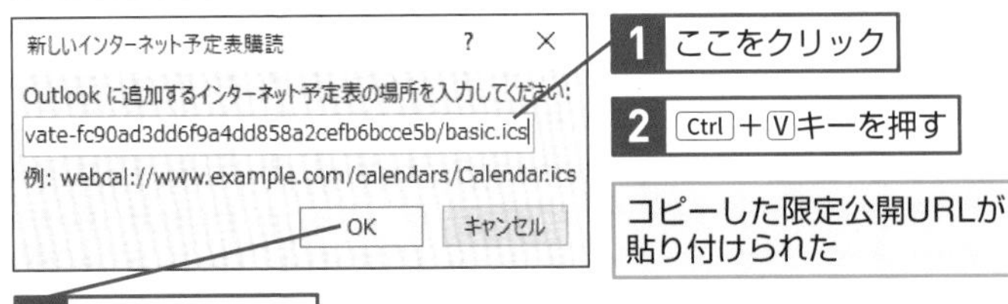

1 ここをクリック

2 Ctrl＋Vキーを押す

コピーした限定公開URLが貼り付けられた

3 [OK]をクリック

インターネット予定表の購読を確認するダイアログボックスが表示された

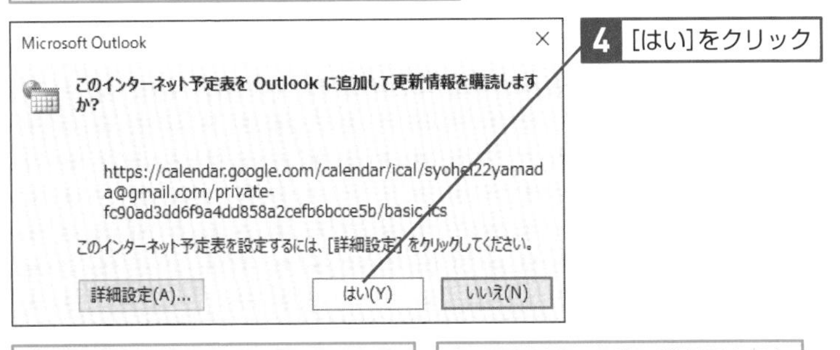

4 [はい]をクリック

Googleカレンダーがインターネット予定表として追加される

Googleカレンダーが変更された場合は表示が更新される

Point すでに使っている予定表を参照できる

スマートフォンやタブレットの普及で、すでにGoogleカレンダーを使って予定を管理している人も多いはずです。Outlookから直接書き込むことはできませんが、Googleカレンダーを「インターネット予定表」として表示させると便利です。Googleカレンダーの予定を重ねて確認したり、Outlookで管理している予定表に予定をコピーしたりするといいでしょう。

ステップアップ！

月曜日を週の始まりに設定できる

標準の設定では、日曜日が週の始まりになっています。土日にまたがる予定が多い場合は、月曜日を週の始まりに設定しておくと便利です。この設定により、カレンダーナビゲーターの表示も月曜日始まりに変更されます。[稼働時間] の設定項目では、1日の開始時刻や終了時刻、[稼働日] ビューで表示する曜日なども変更できます。

週の最初の曜日を月曜日に変更する

[ファイル] タブの [オプション] をクリックして、[Outlookのオプション]ダイアログボックスを表示しておく

1 [予定表] をクリック

予定表の1日の開始時刻や終了時刻、稼働日を設定できる

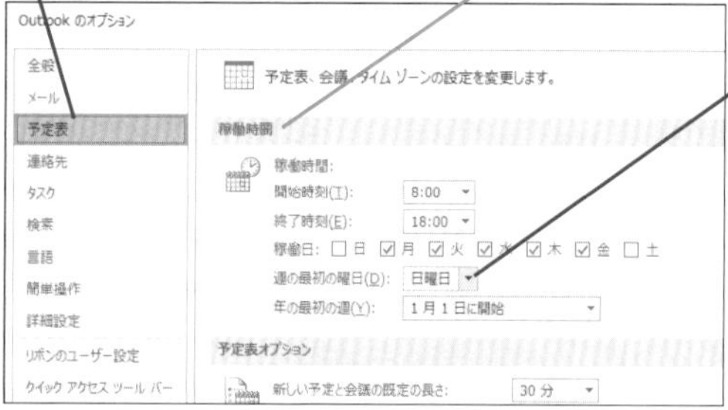

2 [週の最初の曜日] のここをクリックして [月曜日]を選択

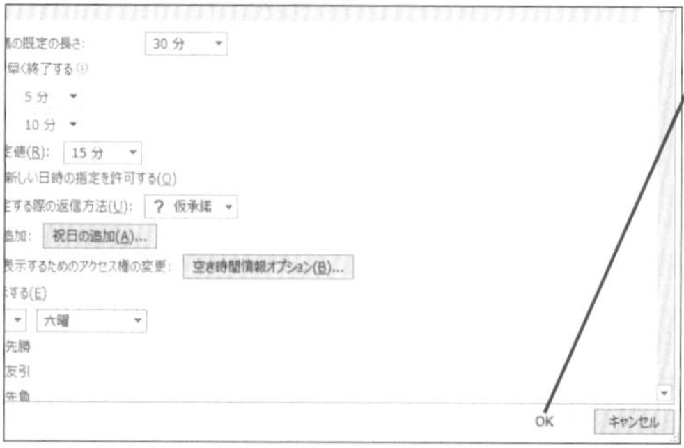

3 [OK] をクリック

予定表の週の最初の曜日が月曜日に変更される

第4章

タスクを管理する

手帳に「備忘録」「To Do」として記入していた情報をOutlookで管理していきましょう。この章では、タスクの機能を使い、特定の期限までに完了しなければならない仕事や作業を管理する方法を説明します。

レッスン 34

自分のタスクを管理しよう

タスクの役割

Outlookにおける「タスク」とは、ある期限までに完了させなければならない作業や仕事のことです。ここでは、タスクの管理方法や操作画面を紹介します。

Outlookでのタスク管理

タスクは、「To Do」や「備忘録」といった呼称で、紙の手帳などでも古くから愛用されてきた仕事や作業の管理方法をOutlookで実現したものです。タスクには「開始日」と「期限」を設定し、適宜、アラームで進行状況を通知しながらタスクの進行状況を更新していきます。そして、一連の作業が終われば、「完了」とします。

「いつまでにやらなければいけない」というTo Doを手帳やメモで管理するときは、更新や変更がしにくい

やるべき作業が期限の近い順に一覧表示される

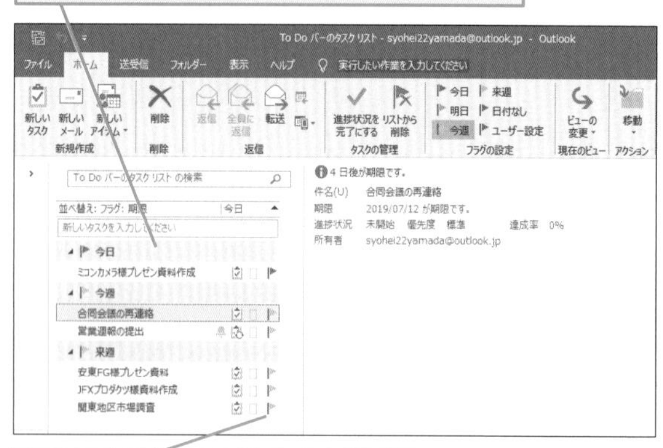

アイコンをクリックして、完了したタスクを一覧からはずせる

タスクの期限を簡単に変更できるほか、アラームで進行状況を確認できる

タスクの管理や確認を行う画面

タスクの画面は、メールの画面とよく似ています。リボンに表示されるボタンを使い、登録したタスクに修正を加え、やるべき作業を進めていきます。下の画面の右側には、To Doバーが表示されていますが、To Doバーを表示すると、タスクリストや予定表をすぐに確認できます。

◆リボン
タスクに関するさまざまな機能のボタンがタブごとに整理されている

◆[現在のビュー]グループ
タスクの表示形式をボタンで切り替えられる

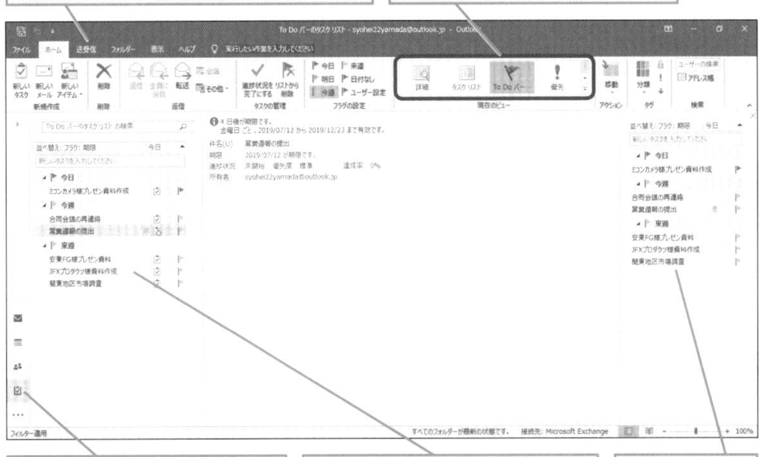

◆タスク
[タスク] をクリックすると、To Doバーのタスクリストが表示される。マウスポインターを合わせると、タスクがプレビューに表示される

◆ビュー
登録されているタスクがTo Doバーのタスクリストに表示される。[現在のビュー]にある[詳細]や[タスクリスト]をクリックすると、表示が切り替わる

◆To Doバー
表示しておくと、タスクや予定表などの項目を常に確認できる

Hint!

タスクと予定の違いとは

「タスク」は、作業を完了させるための工程です。週に1回行う定例会議は、開始日時が決まっている「予定」ですが、「会議で提出する資料の作成」が会議までに済ませないといけない「タスク」です。誰かと打ち合わせをする、どこかに出張するといった行動は予定に分類し、それまでにやらねばいけないことをタスクに分類するといいでしょう。

レッスン
35

タスクリストにタスクを登録するには

新しいタスク

やるべき作業が発生したら、タスクリストに登録します。ささいな用件でも、備忘録としてタスクに登録しておけば、作業内容ややるべきことを忘れにくくなります。

ショートカットキー　Alt＋S……保存して閉じる
Ctrl＋4……タスクの表示
Ctrl＋Shift＋K……新しいタスクの作成

1 タスクを作成する

タスクを登録するために、To Doバーのタスクリストを表示する

1 ［タスク］をクリック

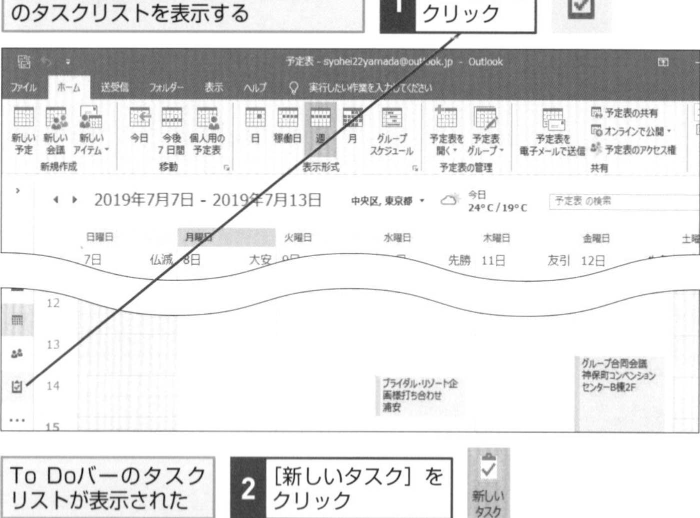

To Doバーのタスクリストが表示された

2 ［新しいタスク］をクリック

新しいタスク

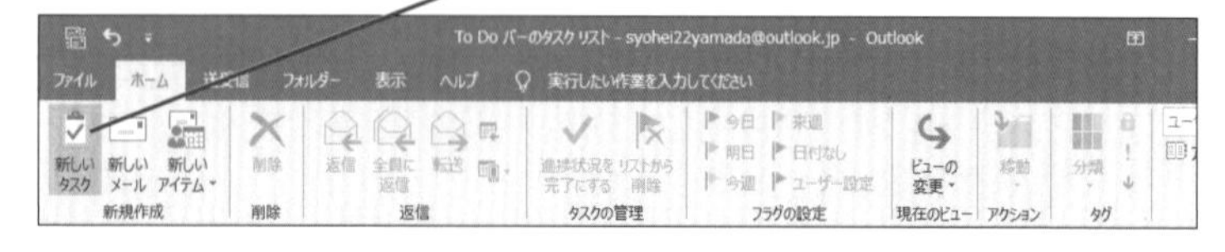

2 タスクを設定する

[タスク]ウィンドウが表示された

1 件名を入力

タスクに期限を設定する

2 [期限] のここをクリックして日付を選択

タスクに期限が設定された

期限を知らせるアラームを設定する

3 [アラーム]をクリックしてチェックマークを付ける

4 ここをクリックしてアラームの日付を選択

5 ここをクリックしてアラームの時刻を選択

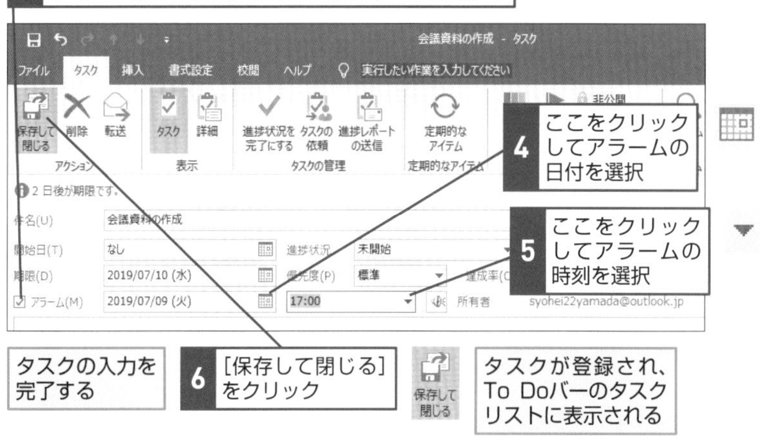

タスクの入力を完了する

6 [保存して閉じる]をクリック

保存して閉じる

タスクが登録され、To Doバーのタスクリストに表示される

Point さまざまな用件を登録しておこう

[タスク] ウィンドウに件名さえ入力すれば、タスクとして登録されます。仕事の内容に応じて、期限などの情報を追加すればいいでしょう。ビジネスに直結するような重要な事柄だけでなく、買い物の予定などの用件を登録すると、自分の行動や予定の見通しが立てやすくなります。

レッスン
36
タスクの期限を確認するには
アラーム

タスクに設定した期限が近づくとアラームが表示されます。タスクが進んでいないときは再通知を設定し、通知が不要になったらアラームを削除しましょう。

再通知の設定

1 アラームの日時を変更する

設定した日時に通知のダイアログボックスが表示された

翌日にもう一度通知が表示されるように設定する

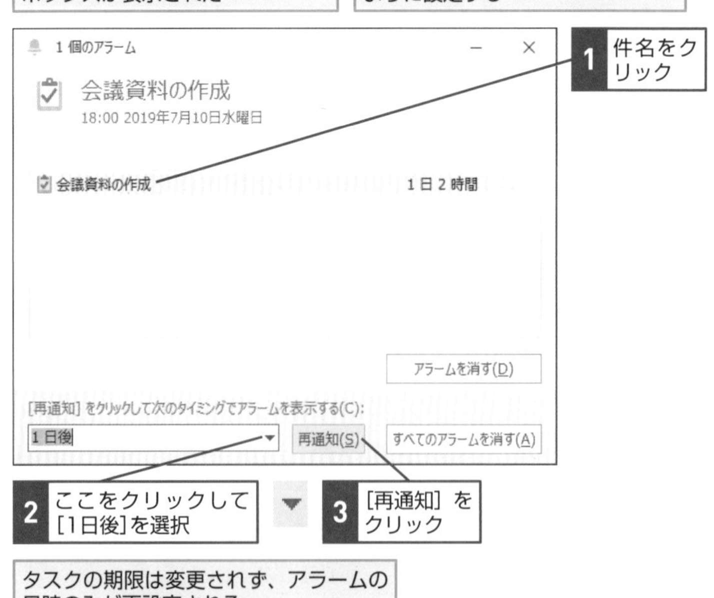

1 件名をクリック

2 ここをクリックして [1日後]を選択

3 [再通知]をクリック

タスクの期限は変更されず、アラームの日時のみが再設定される

2 アラームを削除する

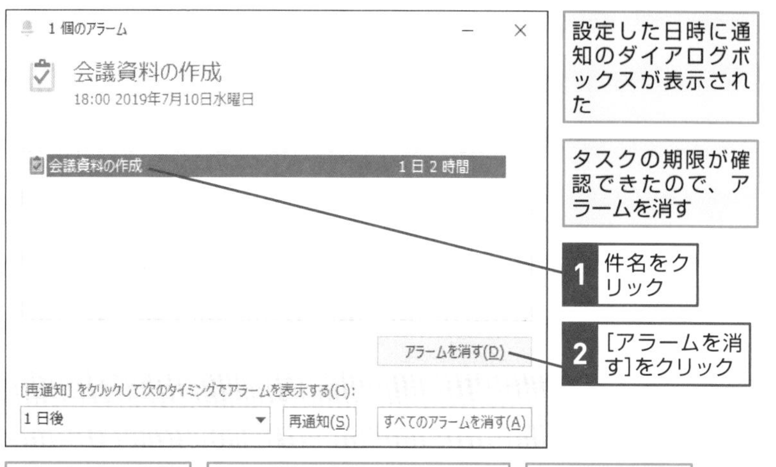
1 個のアラーム
会議資料の作成
18:00 2019年7月10日水曜日
会議資料の作成
1 日 2 時間
アラームを消す(D)
[再通知] をクリックして次のタイミングでアラームを表示する(C):
1 日後
再通知(S)
すべてのアラームを消す(A)
設定した日時に通知のダイアログボックスが表示された
タスクの期限が確認できたので、アラームを消す
1 件名をクリック
2 [アラームを消す]をクリック
通知のダイアログボックスが閉じる
アラームが表示されなくなり、アラームのアイコンが消える
タスクの期限は変更されない

注意 アラームを消すと、タスクの期限を過ぎても通知は表示されません

Point 期限が近いことを知らせてくれる

レッスン35で紹介した方法でタスクにアラームを設定しておけば、決まったタイミングで「期限までの残り時間」が自動で通知されます。あらかじめ決まった期限に向けて行動を起こしていれば問題はありませんが、期限やタスクそのものの内容を忘れていたときは、再通知の設定をして、期限までにタスクが完了できるように行動を起こしましょう。また、アラームを常に確認できるように、Outlookを起動したままにしておくといいでしょう。

レッスン
37

完了したタスクに印を付けるには

進捗状況が完了

タスクが完了したら、アイテムに完了の印を付けます。完了したタスクは、To Doバーのタスクリストから消えますが、削除されたわけではありません。

1 タスクを完了の状態にする

第4章 タスクを管理する

1 タスクをクリックして選択 ／ タスクの内容が表示された

2 ここにマウスポインターを合わせる

3 そのままクリック

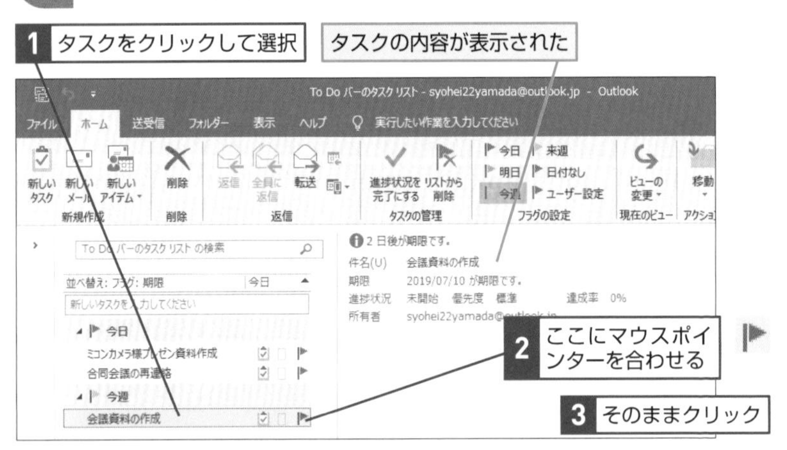

完了の状態にしたタスクが、To Doバーのタスクリストから消えた

Hint!

完了したタスクも確認できる

完了したタスクを確認するには、以下の手順でビューを［タスクリスト］や［詳細］に切り替えます。［タスクリスト］や［詳細］に切り替えると、完了かそうでないかにかかわらず、すべてのタスクが表示されます。完了したタスクのみを確認するには、［完了］ボタンをクリックしましょう。なお、完了したタスクを未完了の状態に戻すには、✓をクリックして▶にします。また、ビューの表示を元に戻すには、［現在のビュー］グループの［To Doバーのタスクリスト］をクリックしてください。

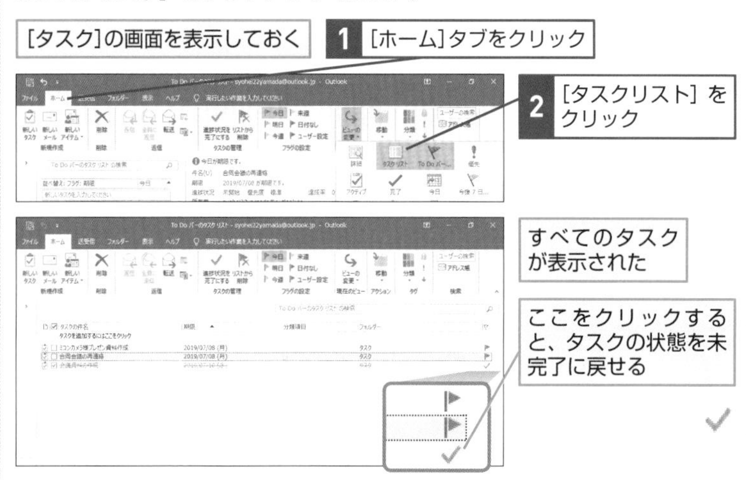

[タスク]の画面を表示しておく
1 [ホーム]タブをクリック
2 [タスクリスト] をクリック
すべてのタスクが表示された
ここをクリックすると、タスクの状態を未完了に戻せる

Point

完了したタスクを削除しないようにする

完了したタスクは削除するのではなく、完了の印を付けておきましょう。タスクを削除すると、過去にどのような作業をしたのかが記録に残らなくなってしまいます。開始日や期限を設定したタスクを残しておけば、後で同じような作業を進めるときに、どれくらいの期間が必要なのかを把握しやすくなります。完全に不要になったタスクを削除したいときは、手順1の操作でタスクを選択し、［ホーム］タブの［削除］ボタンをクリックします。

レッスン 38

タスクの期限を変更するには

タスクの編集

期限が過ぎたタスクは赤い文字で表示され、急いで片付けなければならないことがひと目で分かります。ここでは、タスクの期限を変更する方法を説明しましょう。

ショートカットキー Ctrl＋S……上書き保存

1 タスクの期限を変更する

期限を過ぎたタスクの期限を再設定する

期限を過ぎたタスクは赤い文字で表示される

1 期限を変更するタスクをダブルクリック

[タスク]ウィンドウが表示された

2 [期限]のここをクリック 

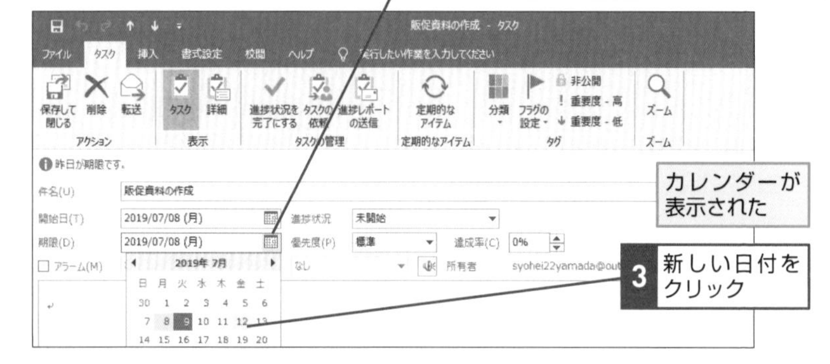

カレンダーが表示された

3 新しい日付をクリック

2 変更を保存する

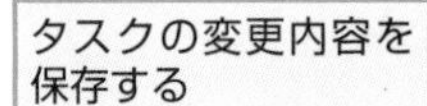

1 ［保存して閉じる］
をクリック

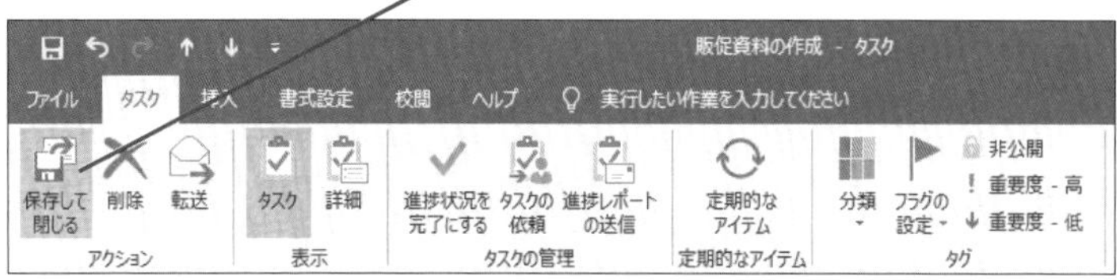

タスクの期限が設定した
日時に変更できた

期限が延長され、タスクが
黒い文字で表示された

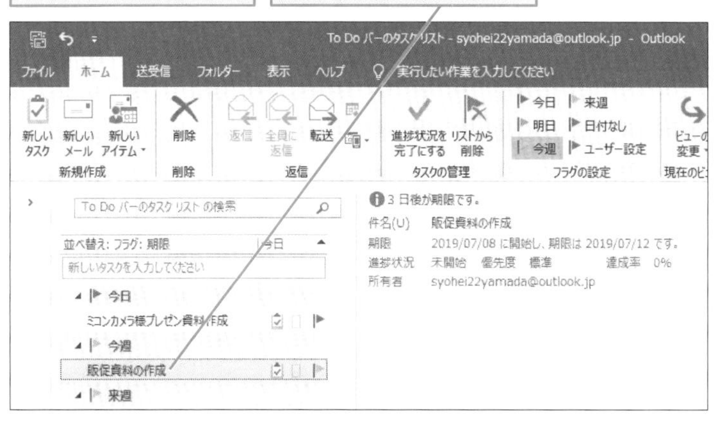

Point 期限が過ぎたらタスクの内容や進め方を見直そう

期限を過ぎたタスクは、To Doバーのタスクリストで赤く表示されます。初めて取り組む仕事や複数のタスクが重なっているようなときは、タスクが期限通りに終わらないこともあります。しかし、単純に期限を先に延ばし続けるのでは意味がありません。仕事や作業の進め方のほか、これまでやってきた方法を見直した上で、実現可能な期限を再設定しましょう。

レッスン 39

一定の間隔で繰り返すタスクを登録するには

定期的なアイテム

毎週や毎月など、一定の間隔で繰り返すタスクは、定期的なタスクとして登録しましょう。タスクに完了の印を付けると、次のタスクが自動で作成されます。

1 定期的なタスクを作成する

ここでは、毎週金曜日に行う週報の提出を定期的なタスクとして登録する

1 [新しいタスク] をクリック

[タスク] ウィンドウが表示された

2 件名を入力

3 [定期的なアイテム] をクリック

定期的な
アイテム

無題 - タスク

ファイル　タスク　挿入　書式設定　校閲　ヘルプ　実行したい作業を入力してください

保存して閉じる　削除　転送　タスク　詳細　進捗状況を完了にする　タスクの依頼　進捗レポートの送信　定期的なアイテム　分類　フラグの設定　非公開　重要度 - 高　重要度 - 低

アクション　表示　タスクの管理　定期的なアイテム　タグ

件名(U)　営業週報の提出

[定期的なタスクの設定] ダイアログボックスが表示された

ここでは、毎週金曜日に同じタスクが繰り返されるようにする

4 [週] をクリック

5 [間隔] が選択されていることを確認

6 「1」と入力されていることを確認

7 [金曜日]をクリックしてチェックマークを付ける

[金曜日] 以外が選択されていないかを確認する

8 [OK]をクリック

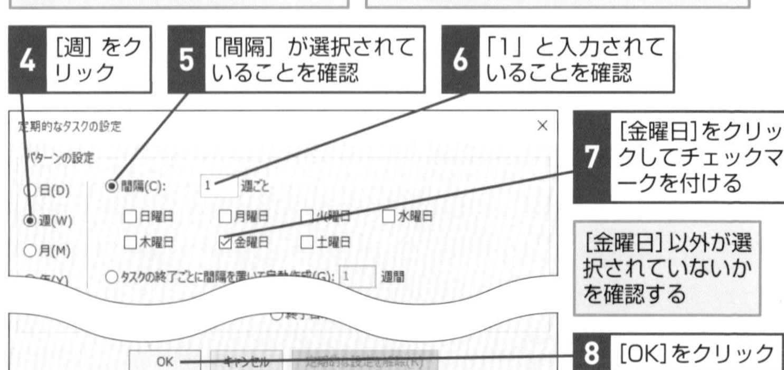

2 アラームを設定して入力を完了する

タスクに繰り返しのパターンが設定された

一番近い期限が自動的に設定された

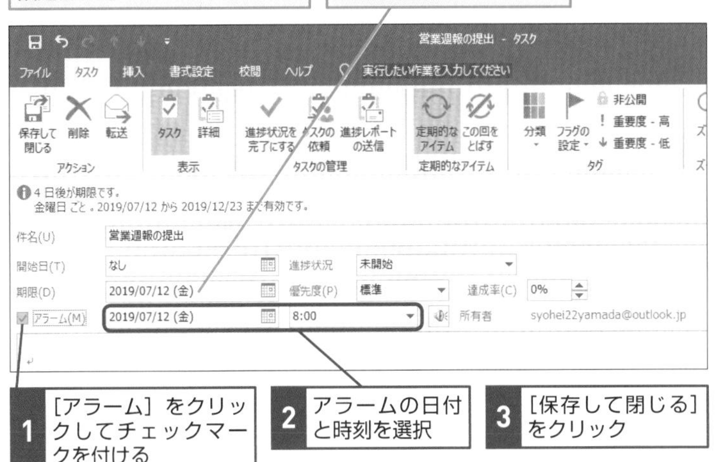

1 ［アラーム］をクリックしてチェックマークを付ける

2 アラームの日付と時刻を選択

3 ［保存して閉じる］をクリック

タスクが登録され、To Doバーのタスクリストに表示される

レッスン37を参考にタスクに完了の印を付けると、次のタスクが自動的に作成される

Point タスクの完了後に同じタスクが作成される

毎週や毎月など決まった日時に行うタスクは、「特別なイベント」という感覚が薄れていってしまい、タスクそのものを忘れてしまうこともあるでしょう。このレッスンの方法で定期的なタスクとして登録しておけば、タスクが完了するごとに、次のタスクが自動的に作成されます。タスクを完了させないと次のタスクは作成されません。タスクが終わったら、忘れずに完了の状態にしてください。

ステップアップ！

タスクの繰り返しを解除するには

繰り返し行う定期的な用件やイベントが終了し、タスクを繰り返す必要がなくなったときは、以下の手順でタスクが自動的に作成されないように繰り返しの設定を解除しておきましょう。

タスクをダブルクリックして、[タスク] ウィンドウを表示しておく

1 [タスク] タブをクリック

2 [定期的なアイテム] をクリック

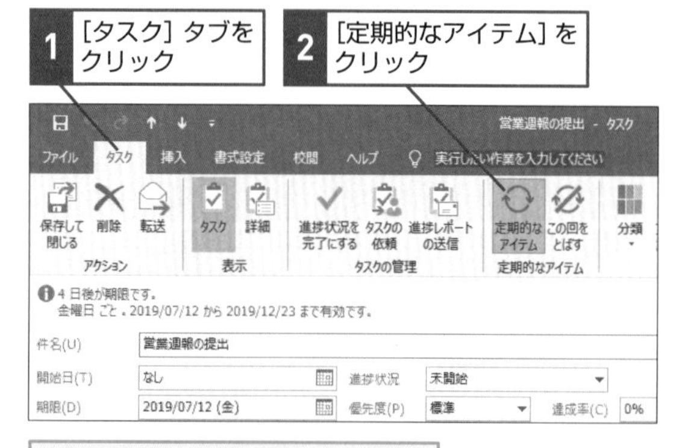

[定期的なタスクの設定] ダイアログボックスが表示された

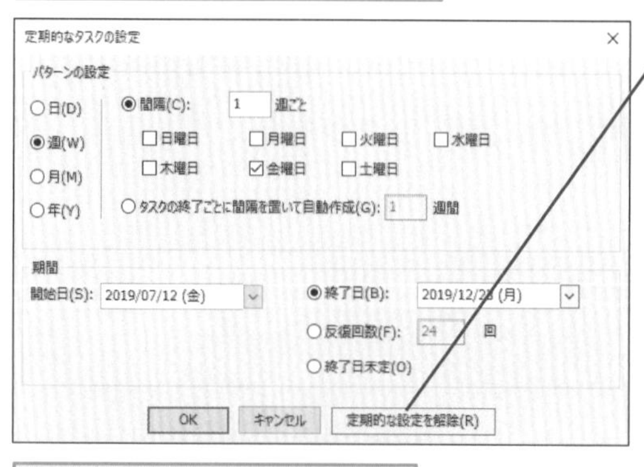

3 [定期的な設定を解除] をクリック

[保存して閉じる] をクリックして [タスク] ウィンドウを閉じる

第5章

情報を相互に活用する

仕事や日々の生活の中でさまざまな人との接点が広がると、それだけ多くの個人情報が集まります。Outlookの各アイテムを、メールや予定表などのフォルダー間や、ほかのアプリと連携させて個人情報をさらに活用できるようにしてみましょう。この章では、Outlookやそのほかのアプリで情報を相互にやりとりする方法を紹介します。

レッスン
40

Outlookの情報を相互に活用しよう

アイテムの活用

Outlookのメール、予定表、タスクといったアイテムは、連携させてこそ、同じアプリで管理するメリットが得られます。ここでは、その概要を紹介しましょう。

メール、予定表、タスクの情報を連携する

パソコンやスマートフォンの普及によって、次回の商談日時や打ち合わせの依頼などをメールでやりとりする機会が多くなってきました。こうしたメールを、単なる連絡事項として完結させるのではなく、ほかのアイテムとして登録し、情報の連携を実現できるのがOutlookの魅力です。どんなアイテムでも、ほかのフォルダーにドラッグするだけで、新しいアイテムをすぐに作成できます。会議などの予定を相手にメールで送れば、相手と予定を共有でき、相手が会議に出席するか、出席確認も可能です。

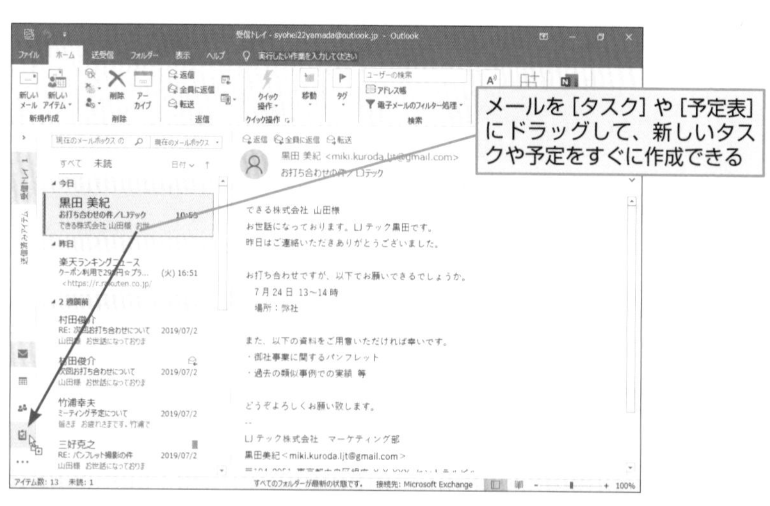

メールを［タスク］や［予定表］にドラッグして、新しいタスクや予定をすぐに作成できる

◆会議出席依頼
自分が作成した予定をほかの人にメールで知らせることができる

相手が承諾すれば、相手の予定表に予定が追加される

Hint! フラグとタスクを使い分けよう

急いで対応しなくてもいいメールや後で返信をするといったメールにはフラグを付けておきましょう。フラグを付けたメールは、To Doバーのタスクリストにアイテムとして表示されます。メールにフラグを付けるには、以下の手順で操作します。

メールにフラグを設定する

1 メールにマウスポインターを合わせる

フラグのアイコンが表示された

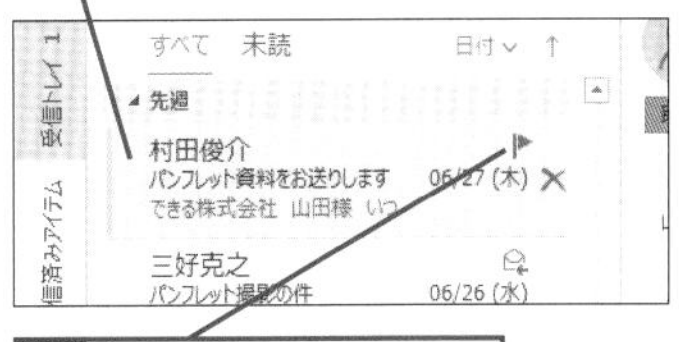

2 フラグのアイコンをクリック

メールにフラグが設定された

フラグのアイコンをもう一度クリックすると、完了済みの表示に変わる

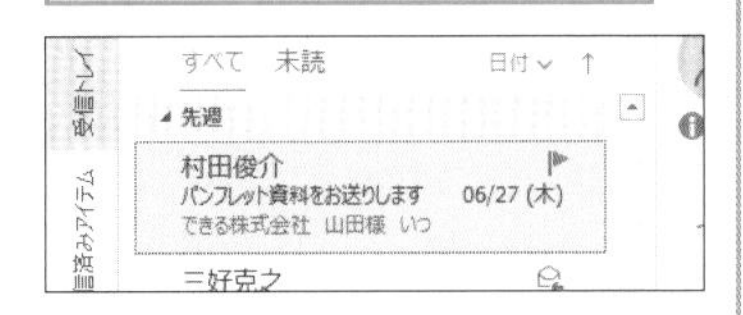

レッスン 41

メールで受けた依頼をタスクに追加するには

メールをタスクに変換

メールの内容が何らかの依頼である場合は、タスクを作成して、やるべきことを忘れないようにします。メールをタスクにするとメールの本文が引用されます。

1 メールからタスクを作成する

[受信トレイ]を表示しておく

受信したメールからタスクを作成する

1 メールにマウスポインターを合わせる

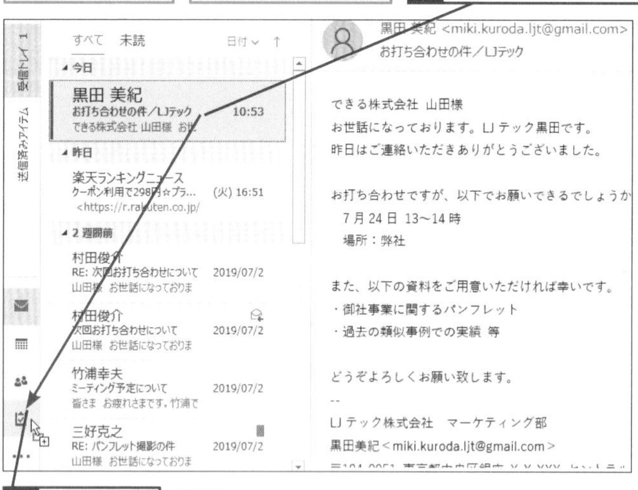

2 [タスク]にドラッグ

⚠間違った場合は？

手順1で[タスク]以外にドラッグしてしまった場合は、表示されるウィンドウをいったん閉じ、もう一度やり直します。閉じる際に、「変更を保存しますか？」というメッセージが表示されますが、そこでは[いいえ]ボタンをクリックします。

2 タスクを編集する

［タスク］ウィンドウが表示された

メールの差出人や送信日時、メールの本文が自動で引用される

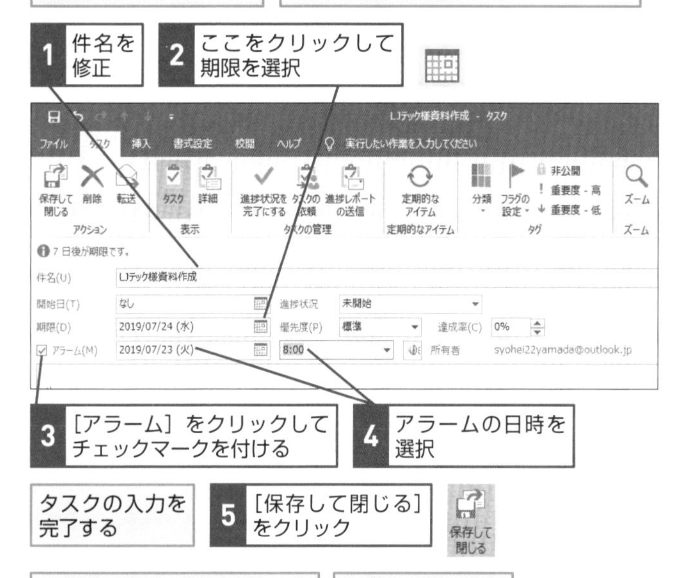

タスクの入力を完了する

5 ［保存して閉じる］をクリック

メールから作成したタスクが保存される

受信したメールはそのまま残る

Point メールの用件に期限を設定できる

メールで何らかの依頼を受けることは珍しくありません。メールの内容をタスクとして登録することで、頼まれていた用件を忘れてしまうといったアクシデントを防げます。［受信トレイ］フォルダー内のメールは、それを［タスク］ボタンにドラッグするだけで、タスクに変換できます。ナビゲーションバーの［予定表］ボタンや［連絡先］ボタンにメールをドラッグしても別の種類のアイテムに変換できます。

レッスン

42

メールの内容を予定に組み込むには

メールを予定に変換

レッスン41と同様の操作で、メールから予定を作成できます。ここでは、メールに書かれている情報をそのまま記録して、予定を登録する方法を紹介します。

1 メールから予定を作成する

[受信トレイ]を表示しておく

受信したメールから予定を作成する

1 メールにマウスポインターを合わせる

現在のメールボックス の　現在のメールボックス

すべて　未読　日付　↑

今日

黒田 美紀
お打ち合わせの件／LJテック　10:53
できる株式会社 山田様 お世

昨日

楽天ランキングニュース
クーポン利用で298円☆プラ…　(火) 16:51
<https://…rakuten.co.jp/

2 週間前

村田俊介
RE: 次回お打ち合わせについて　2019/07/2
山田様 お世話になっておりま

村田俊介
次回お打ち合わせについて　2019/07/2
山田様 お世話になっておりま

竹浦幸夫
ミーティング予定について　2019/07/2
皆さま お疲れさまです。竹浦で

受信トレイ　送信済みアイテム

返信　全員に返信　転送

黒田 美紀 <miki.kuroda.ljt@gmail.com>
お打ち合わせの件／LJテック

できる株式会社 山田様
お世話になっております。LJ テック黒田です。
昨日はご連絡いただきありがとうございました。

お打ち合わせですが、以下でお願いできるでしょうか
7 月 24 日 13～14 時
場所：弊社

また、以下の資料をご用意いただければ幸いです。
・御社事業に関するパンフレット
・過去の類似事例での実績 等

どうぞよろしくお願い致します。
--

2 [予定表] にドラッグ

2 予定を編集する

[予定] ウィンドウが表示された

メールの差出人や送信日時、メールの本文が自動で引用される

1 件名を修正 　　　　　　　　　　　　　　　　　　**2** 場所を入力

3 開始日時を設定　　**4** 終了日時を設定

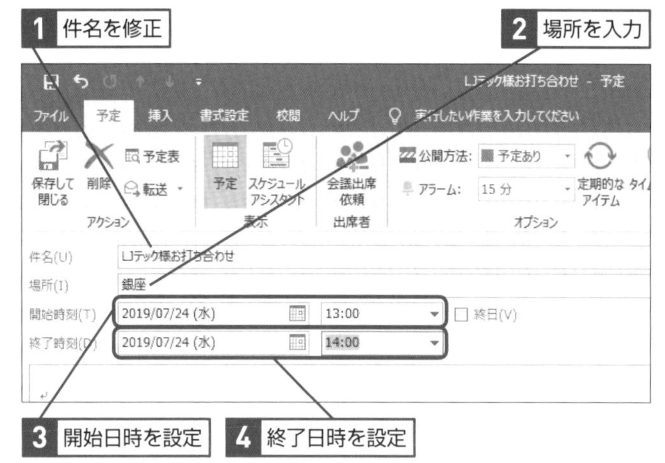

予定の入力を完了する

5 [保存して閉じる]をクリック

保存して閉じる

メールから作成した予定が［予定表］の画面に表示される

受信したメールはそのまま残る

Point イベントの情報をそのまま予定に残せる

発表会やパーティーへの招待、打ち上げ、歓迎会など、メールで告知されるそういった情報には日時や開催場所、開催時間が明記されていることでしょう。Outlookを利用すれば、このような情報をすべて予定表にコピーする必要がありません。このレッスンの方法でメールを予定に変換すれば、メールの本文に書かれている会場の住所やタイムテーブルなどがそのまま予定に引用され、後からすぐに参照できます。ただし、[予定] ウィンドウの［場所］や［開始時刻］に情報が自動で入力されるわけではありません。引用されたメールから必要な情報をコピーして予定を登録しましょう。

レッスン 43

予定の下準備をタスクに追加するには

予定をタスクに変換

登録済みの予定で、予定に関連する準備をしなくてはいけなくなったときは、予定の内容をタスクにも登録しておきましょう。期限やアラームの再設定も可能です。

1 予定からタスクを作成する

登録済みの予定を表示しておく

登録済みの予定からタスクを作成する

1 予定にマウスポインター
を合わせる

アイテム数: 3 　　　　　　　すべてのフォルダーが最新の状態です。　接続

2 [タスク] に
ドラッグ

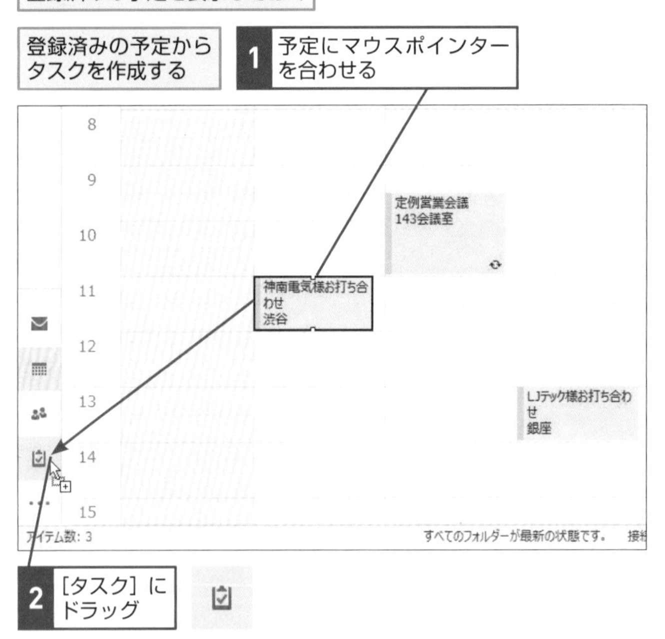

Hint!

タスクから予定を作成するには

このレッスンの例とは逆に、タスクから予定の作成もできます。タスクを［予定表］にドラッグして予定を作成すれば、開始時刻と終了時刻を設定し、作業予定として扱うことができます。

タスクを［予定表］にドラッグする

タスクの件名や日時などの情報が入力される

2 タスクの内容を確認する

［タスク］ウィンドウが表示された

予定と同じ件名が入力された

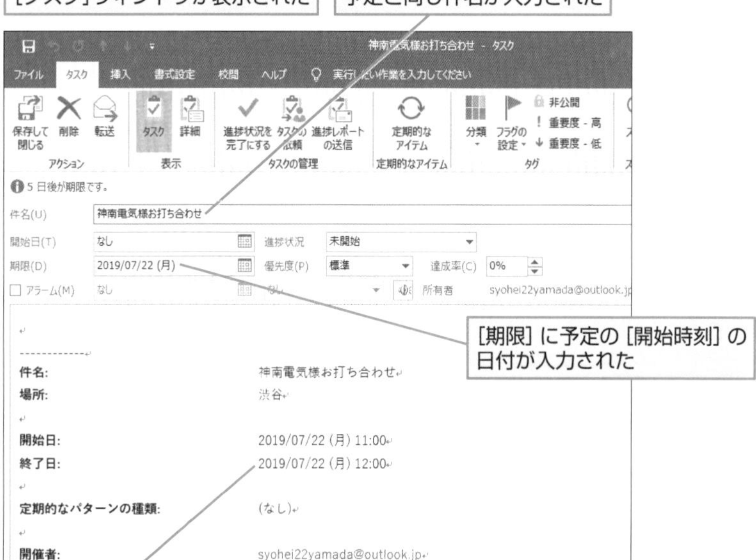

［期限］に予定の［開始時刻］の日付が入力された

予定の件名や日時などの情報が本文として入力された

次のページに続く

3 タスクを編集する

ここでは件名を修正しアラームを設定する

1 件名を修正

必要に応じて、予定より前の期限を設定してもいい

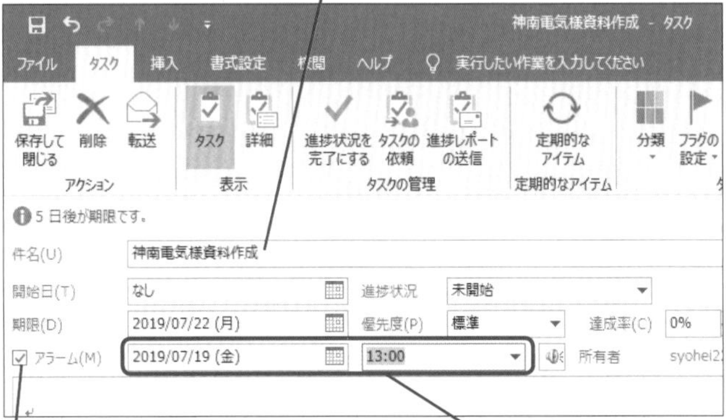

2 [アラーム] をクリックしてチェックマークを付ける

3 アラームの日時を選択

4 入力したタスクを保存する

タスクの入力を完了する

1 [保存して閉じる] をクリック

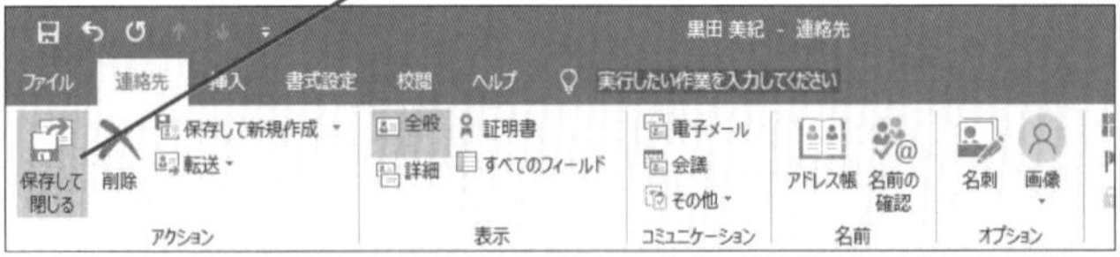

5 登録したタスクを確認する

To Doバーのタスクリストを表示して、作成したタスクを確認する

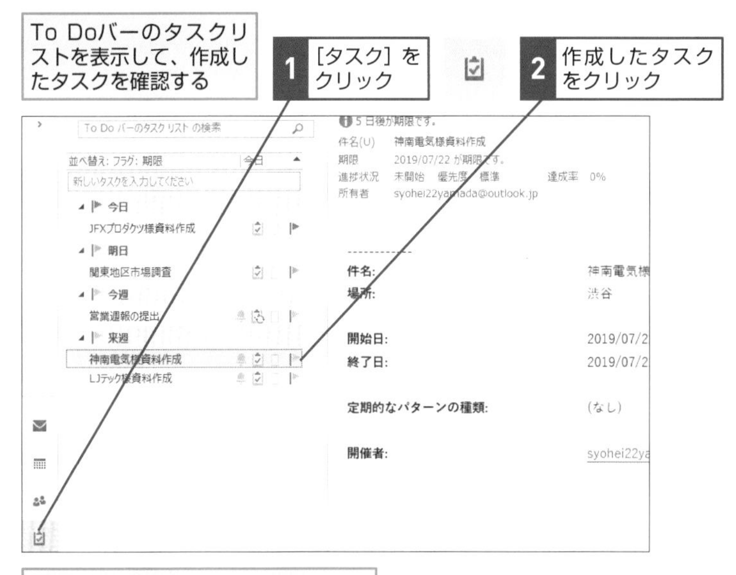

予定から作成したタスクが表示された

Point 予定とタスクを連携させよう

予定とタスクは、内容によって切り離せない関係と言えるでしょう。結婚式に出席するために、美容院に行ったり、スーツを新調したりするといった行動もタスクと言えます。登録済みの予定があれば、その予定と関連するタスクを登録しておきましょう。予定からタスクを作成しても、予定表から予定が消えるわけではありません。したがって、「打ち合わせ」という予定なら、それに合わせて「打ち合わせ資料作成」というように「予定に関連したタスク」ということが分かるような件名を付けましょう。ステップアップ！で説明する方法で予定とタスクを1つの画面に表示すれば、仕事とタスクを一度に確認でき、やらなくてはいけないことがすぐに分かります。

レッスン
44
会議への出席を依頼するには
会議出席依頼

相手がOutlookか対応するメールアプリを使っている場合、会議やイベントなどの予定を招待状として送信し、出欠の確認が簡単にできます。

出席依頼を送る

1 出席を依頼する予定を選択する

[予定表] の画面を表示しておく

1 出席依頼を送る予定をダブルクリック

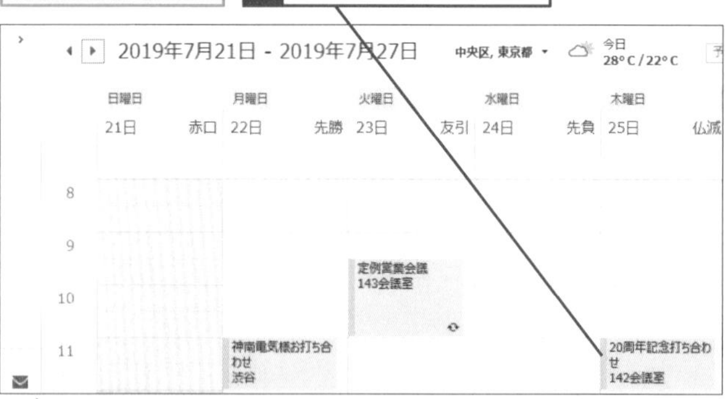

Hint!

予定情報をまとめた添付ファイルが送付される

会議出席依頼の機能を使うと、会議やイベントの日時、場所などの情報をまとめたiCalender形式のファイル（ICSファイル）が添付されます。受け取った相手は、参加の可否をクリックで決定でき、参加を承諾した場合、その予定がその人のカレンダーに追加されます。Outlookはもちろん、Gmailや主要メールアプリなどがこの機能に対応しています。ただし、スマートフォン標準のメールアプリなどではICSファイルに対応しておらず、その場合は［添付ファイル削除］というメッセージが表示されます。

2 出席依頼のメールを送信する

[予定] ウィンドウが表示された

1 [会議出席依頼] をクリック

[予定] ウィンドウが [会議] ウィンドウに切り替わった

2 [宛先] に出席者のメールアドレスを入力

[件名] は必要に応じて変更する

3 本文を入力

4 [送信] をクリック

送信(S)

出席者宛に会議への出席依頼メールが送信される

⚠間違った場合は?

間違った予定で [会議] ウィンドウを表示してしまったときは、手順2で [閉じる] ボタン (×) をクリックします。「変更内容を保存しますか?」というダイアログボックスが表示されたら [いいえ] ボタンをクリックして、もう一度手順1からやり直します。

次のページに続く

3 出席依頼のメールを表示する

ここから先は、出席を依頼されたユーザーの操作手順を解説する

会議への出席依頼メールが届いた

会議を示すアイコンが表示される

1 メールをクリック

出欠確認のボタンが表示された

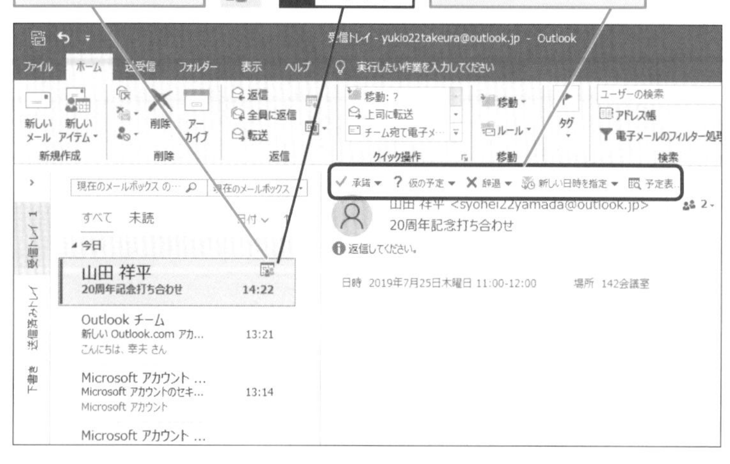

Hint! 招待者の出欠確認ができる

送信した出席依頼のメールは、自分が「開催者」となって相手に届きます。相手が出欠確認に応答すると、その状態がメールで返ってきて、[会議] ウィンドウで招待者ごとの出欠状況を確認できるようになります。また、予定の日時などに変更を加えたり、新たな招待者を追加した場合も、その変更内容を招待者に送信できます。

招待者の返信状況が確認できる

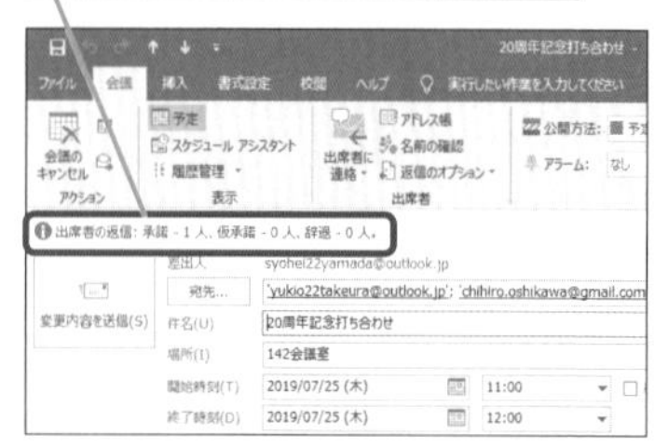

会議の日時や招待者を変更したときは、変更内容を送信できる

Hint!

［返信しない］を選ぶと承諾の意図が通知されない

出席依頼を承諾する場合、［承諾］の一覧から［コメントを付けて返信する］［すぐに返信する］［返信しない］のいずれかを選びます。［すぐに返信する］を選ぶと、手順5のようなメッセージは返信されず、承諾したことだけが開催者に通知されます。［返信しない］を選んだ場合、招待を受けた予定が自分の予定表に追加されますが、開催者に参加承諾が通知されません。出席の意思はあるがメールを返信する余裕がないというときは、せめて［すぐに返信する］をクリックしておきましょう。

Hint!

招待の保留や辞退をするには

手順4の開催者への返答は、［承諾］［仮の予定］［辞退］［新しい日時を指定］の4つの中から選択します。参加の可否がはっきりしない場合は［仮の予定］をクリックして保留の意思を返答しておき、予定が確定した時点で承諾または辞退の返答をします。なお、［仮の予定］の一覧から［コメントを付けて返信する］か［すぐに返信する］を選択すると、開催者には［仮承認］という情報が通知されます。

Hint!

通知内容によって予定の表示が変わる

手順4で［仮の予定］や［新しい日時を指定］の［仮承認して別の日時を指定］を通知した予定は、予定の左に斜線が表示されます。

通知によって予定の表示が変わる

4 出欠確認に返答する

ここでは、開催者に承諾を通知し、返信のメールを送信する

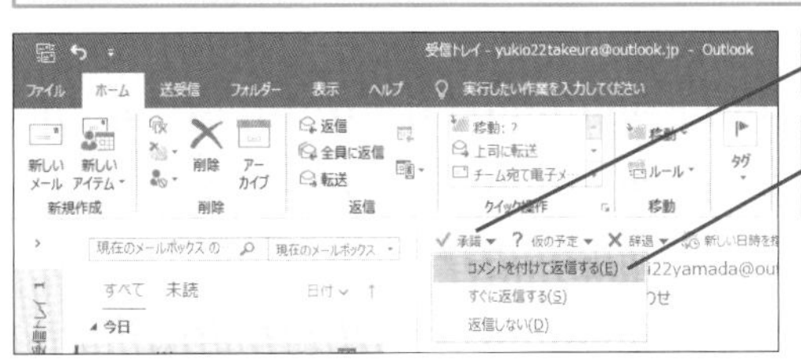

1 ［承諾］をクリック

2 ［コメントを付けて返信する］をクリック

次のページに続く

5 返信メールを送信する

[会議出席依頼の返信]ウィンドウが表示された

[件名]に「Accepted:」と追加された

1 本文を入力

2 [送信]をクリック

送信(S)

Hint!

Outlook 2019以外でも出席依頼に返信できる

招待した相手がOutlookを使っていない場合でも、Outlook.comのほか、企業で使われているMicrosoft Exchange、Googleアカウント（Gmail、Googleカレンダー）など、互換性のあるクラウドサービスを使っている場合は、会議出席依頼の機能が有効になります。

なお、招待メールを送った相手が対応するクラウドサービスやアプリを使用していない場合も、予定表データの添付されたメールは届きます。ただし、出欠確認機能やカレンダーアプリとの連携は利用できません。

Gmailで出席依頼メールを受信すると、出欠の意思を通知できるボタンが表示される

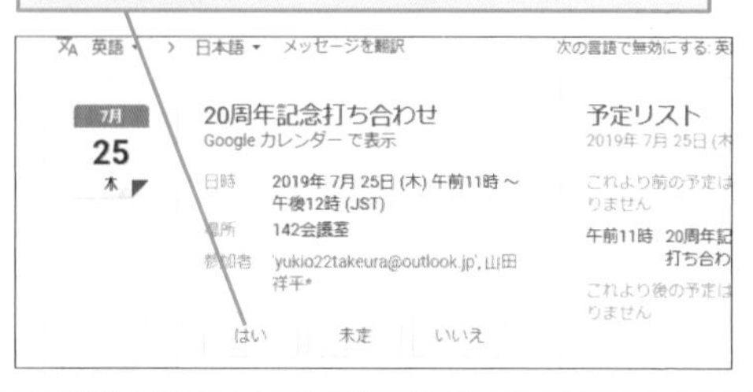

出席する会議の詳細を確認するには

手順6で自動的に追加された予定をダブルクリックすると、[会議] ウィンドウが表示され、会議の詳細を確認できます。また、[会議] タブの [返信] グループから予定変更の返答をすることもできます。参加できるはずの会議に参加できなくなってしまった場合には辞退の返答をしておきましょう。

6 会議の予定が予定表に追加された

出欠確認が済んだので、出席依頼メールが[送信済み]フォルダーに移動した

出席を承諾した予定が追加されたかどうかを確認する

1 [予定表] をクリック

[予定表] の画面が表示された

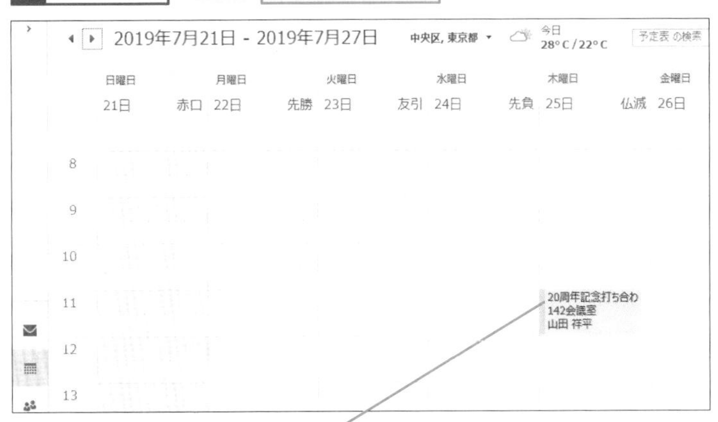

出席を承諾した会議の予定が表示された

Point メールと予定を自動的に連携できる

複数の人の空き時間を確認して、予定を調整するのは大変な作業です。このレッスンで紹介した会議出席依頼の機能を使えば、その煩雑なやりとりを簡略化できます。会議以外にもパーティーやイベントなど、幅広いシーンで活用してみましょう。

ステップアップ！

予定表に毎日のタスクを表示するには

[予定表] の画面に [日毎のタスクリスト] を表示させると、タスクがひと目で分かり、予定とタスクを一度に確認できます。

1 [表示] タブをクリック

2 [日毎のタスクリスト] をクリック

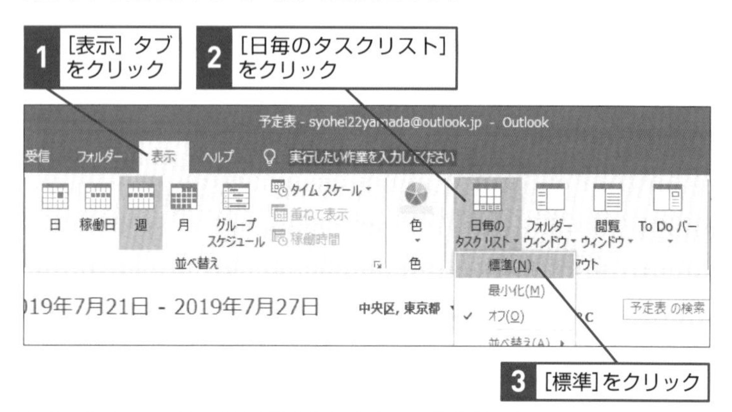

3 [標準]をクリック

[予定表]の画面に日ごとのタスクリストが表示された

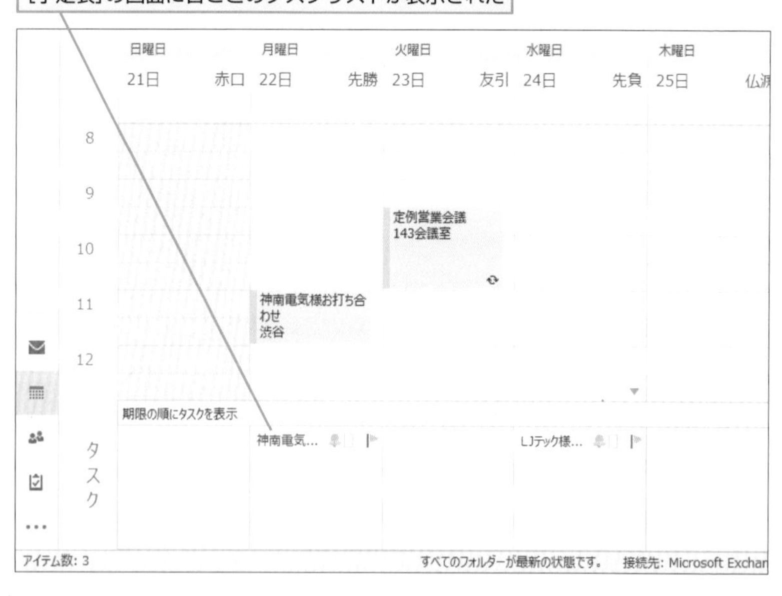

第6章

情報を整理して見やすくする

Outlookにはメールや予定、タスクなど、さまざまな情報が蓄積されていきます。蓄積された情報を見やすく、探しやすくすれば、情報の価値も高まり、作業効率もアップします。この章ではOutlookをより使いやすくするために、表示や機能をカスタマイズしていきましょう。

レッスン 45

To Doバーを表示するには

To Doバー

To Doバーは、予定やタスクの要約を表示する画面です。直近のアイテムをコンパクトにまとめ、今、やるべきことがひと目で分かるように表示されています。

1 To Doバーを表示する

ここでは予定表のTo Doバーを表示する

1 [表示]タブをクリック

2 [To Doバー]をクリック

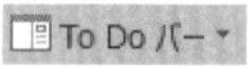
To Do バー

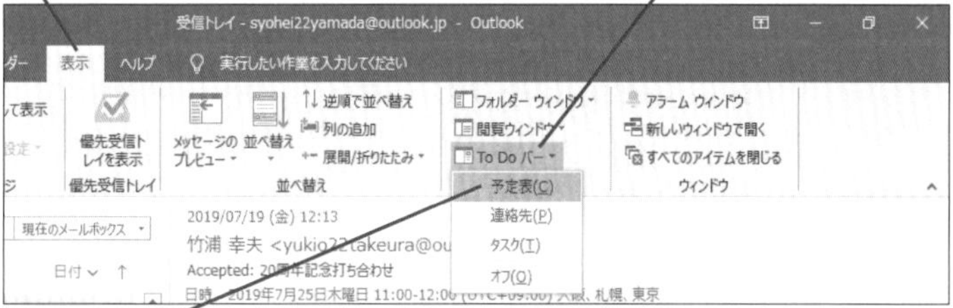
受信トレイ - syohei22yamada@outlook.jp - Outlook
表示
ヘルプ
実行したい作業を入力してください
優先受信トレイを表示
優先受信トレイ
メッセージのプレビュー
並べ替え
逆順で並べ替え
列の追加
展開/折りたたみ
並べ替え
フォルダー ウィンドウ
閲覧ウィンドウ
To Do バー
予定表(C)
連絡先(P)
タスク(T)
オフ(O)
アラーム ウィンドウ
新しいウィンドウで開く
すべてのアイテムを閉じる
ウィンドウ
現在のメールボックス
日付
2019/07/19 (金) 12:13
竹浦 幸夫
Accepted: 20周年記念打ち合わせ

3 [予定表] をクリック

画面の右側に予定表のTo Doバーが表示された

予定表のTo Doバーの下にタスクのTo Doバーを表示する

4 [To Doバー] をクリック

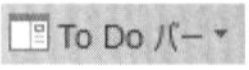
To Do バー

5 [タスク] をクリック

Hint!

To Doバーの順序を変えるには

予定表やタスクなどのTo Doバーは、[To Doバー] ボタンの一覧から選択した順に上から表示されます。To Doバーの表示順を変更したい場合は、次ページのHint!を参考に、いったん非表示にして表示したい順に選択し直してください。また、複数のTo Doバーを表示しているときは、To Doバーの区切り線にマウスポインターを合わせ、マウスポインターが÷の形のときに上下にドラッグすれば、分割位置を変更できます。

Hint!

To Doバーを非表示にするには

すべてのTo Doバーを非表示にするには、手順1の画面で［オフ］をクリックします。どちらか片方を非表示にするときは、予定表やタスクのTo Doバーの右上にある［プレビューの固定を解除］ボタンをクリックしましょう。

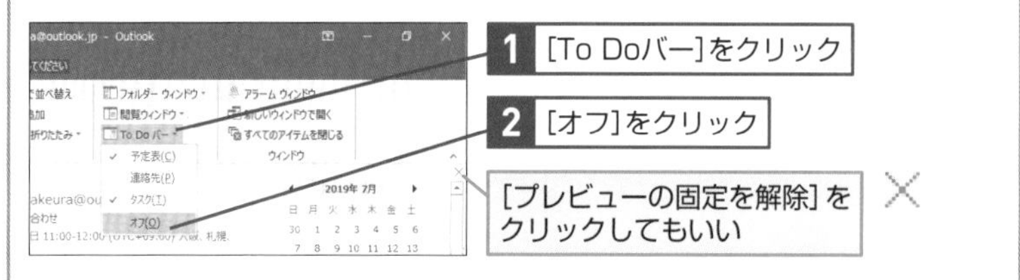

2 タスクのTo Doバーが表示された

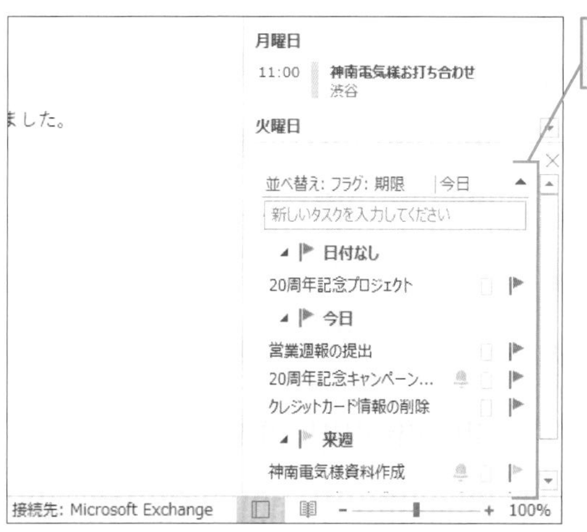

画面の右下にタスクのTo Doバーが表示された

Point To Doバーを見れば、今やるべきことが分かる

To Doバーには、直近の予定のほか、タスクの一覧が表示され、今、すべきことがひと目で分かります。タスクのTo Doバーでは、タスクとフラグ付きメールをまとめて確認できます。また、連絡先のTo Doバーも表示できます。自分の好みに合わせて設定しましょう。

レッスン 46

To Doバーの表示内容を変更するには

列の表示

タスクのTo Doバーは、このレッスンの方法で表示内容を変更できます。自分の用途に合わせて、表示内容や表示順を変更するといいでしょう。

1 [列の表示] ダイアログボックスを表示する

ここではレッスン45で表示したタスクのTo Doバーの表示内容を変更する

1 ここをクリック

2 [ビューの設定]をクリック

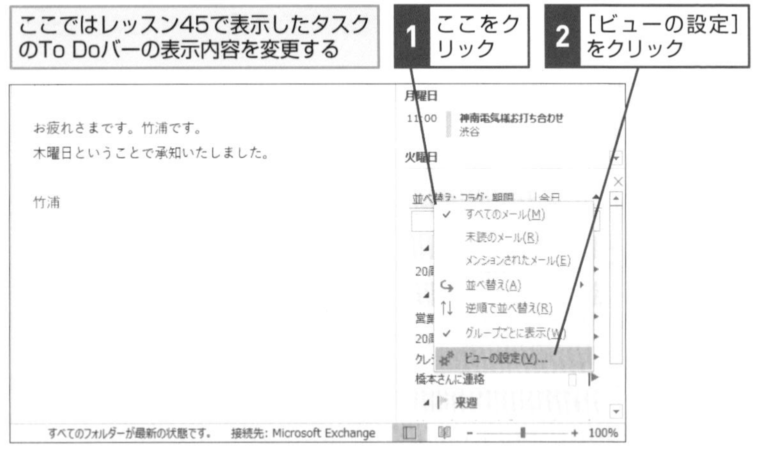

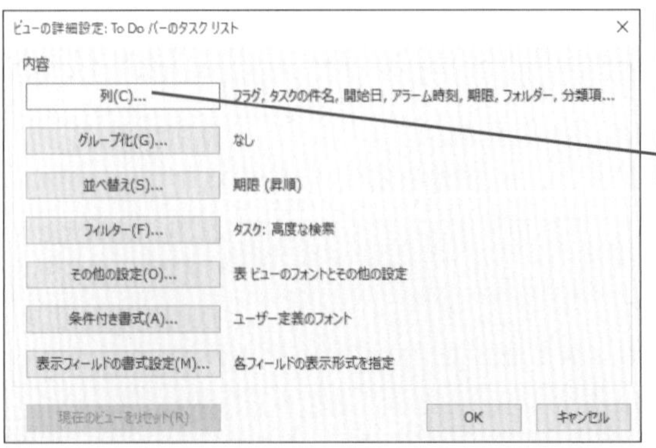

[ビューの詳細設定] ダイアログボックスが表示された

3 [列]をクリック

Hint!

To Doバーの幅を調節できる

To Doバーの左端を左右方向にドラッグすることで表示幅を自由に変更できます。

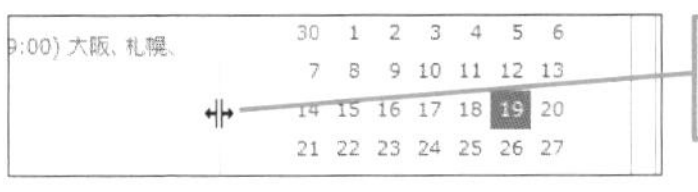

区切り線をドラッグして幅を変更できる

2 To Doバーの表示項目を選択する

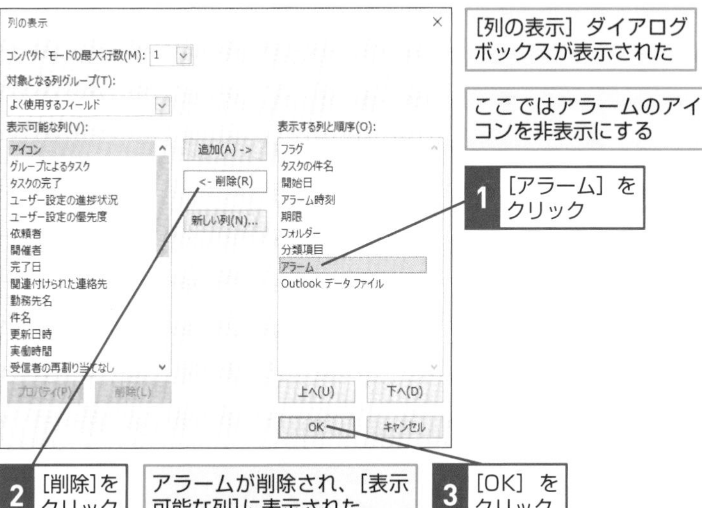

[列の表示] ダイアログボックスが表示された

ここではアラームのアイコンを非表示にする

1 [アラーム] をクリック

2 [削除]をクリック

アラームが削除され、[表示可能な列]に表示された

3 [OK] をクリック

[ビューの詳細設定] ダイアログボックスが表示される

4 [ビューの詳細設定] ダイアログボックスの[OK]をクリック

To Doバーに表示されていたアラームのアイコンが非表示になる

Point 使いやすいようにTo Doバーをカスタマイズしよう

このレッスンでは、アラームのアイコンを非表示にする方法を紹介しました。しかし、これはカスタマイズできる内容の一例です。[ビューの詳細設定] ダイアログボックスを利用すれば、タスクのグループ化や並び順、件名の書式なども変更できます。

レッスン 47

ナビゲーションバーのボタンを並べ替えるには

ナビゲーションオプション

フォルダーを切り替えるナビゲーションバーは、カスタマイズして自分が使いやすいように設定できます。ここでは、そのカスタマイズ方法を解説します。

1 ボタンの表示順を変更する

ここでは、[タスク]のボタンと[連絡先]のボタンの順序を変更する

[ナビゲーションオプション]ダイアログボックスが表示された

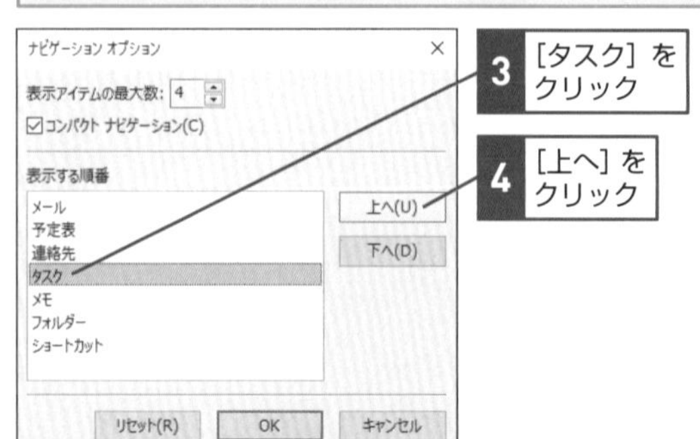

2 ボタンの表示順を決定する

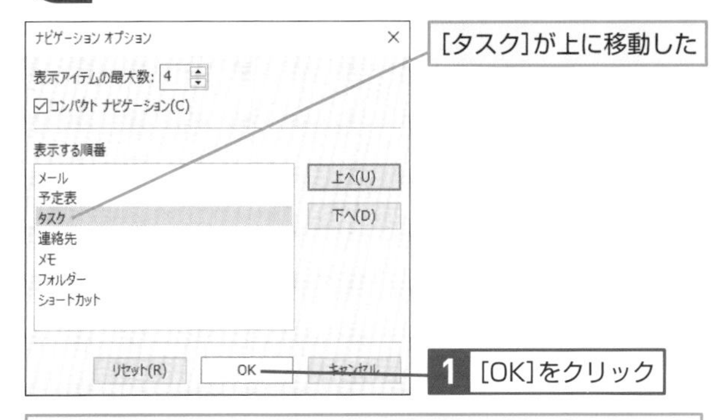

ナビゲーションバーの[タスク]と[連絡先]の順序が変更された

Point ナビゲーションバーを工夫してOutlookを使いやすくしよう

ナビゲーションバーは、Outlookで情報を確認するための「操作の起点」です。よく利用するボタンを決まった順番に表示しておけば、操作性が格段に高まります。なお、ディスプレイサイズが大きいときやタブレットなどでOutlookを利用するときは、ナビゲーションバーのボタンが選択しにくいこともあるでしょう。その場合は、手順1の2枚目の画面で［コンパクトナビゲーション］のチェックマークをはずして［メール］や［予定表］［連絡先］［タスク］を大きな文字で表示するのがお薦めです。

レッスン
48
画面の表示項目を変更するには
ビューのカスタマイズ

画面が煩雑になりがちなタスク一覧の標準ビューに手を加え、自分専用のタスク一覧を作りましょう。ビューを変更することで、必要な情報だけを表示できます。

1 フィールドを削除する

レッスン35を参考にタスクリストを表示しておく

1 [表示] タブをクリック

2 [閲覧ウィンドウ]をクリック

閲覧ウィンドウ

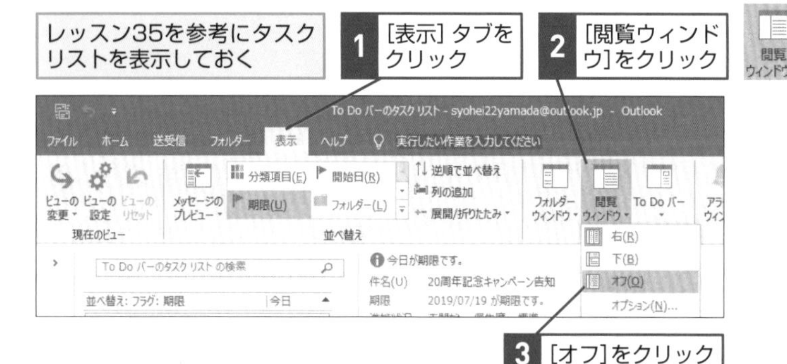

3 [オフ]をクリック

閲覧ウィンドウが非表示になった

ここでは [開始日] のフィールドを削除する

4 [開始日] を右クリック

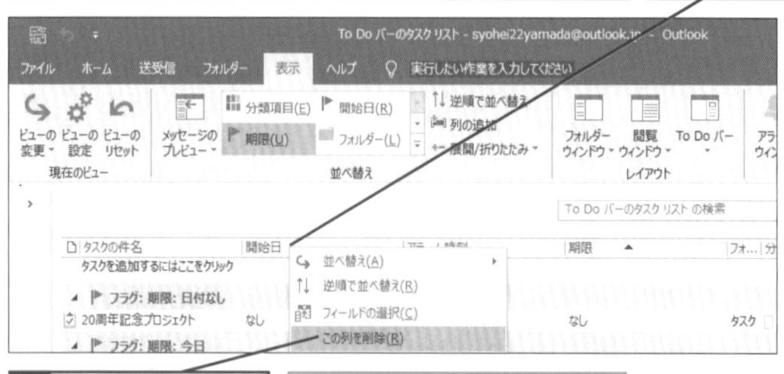

5 [この列を削除] をクリック

[フォルダー] のフィールドも同様に削除しておく

2 フィールドを追加する

[開始日] と [フォルダー] の
フィールドが削除された

1 フィールドを

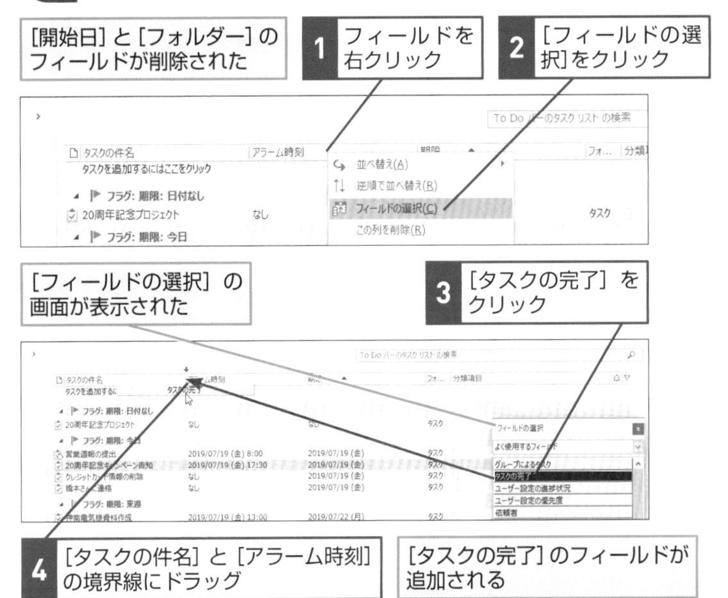
画面が表示された

3 [タスクの完了] を
クリック

4 [タスクの件名] と [アラーム時刻]
の境界線にドラッグ

[タスクの完了] のフィールドが

追加されたチェックボックスをクリックすると、タスクが完了の状態になる

[閉じる]をクリックして[フィールドの選択]の画面を閉じておく

Point 必要な情報だけを画面に表示する

Outlookのビューは、汎用的である半面、用途や目的によっては使いにくく感じることもあります。アイテムの種類は同じでも、それを扱うときに必要な項目、また、見やすいと感じる項目の表示順序が違うからです。もちろん、アイテムを一覧する目的によっても見やすいビューは異なります。標準のビューを変更し、自分で使いやすいビューを作成すれば、Outlookの使い勝手がさらに高まります。複数のビューを作成しておき、必要に応じて切り替えることもできます。詳しくは、次のレッスンで解説します。

レッスン 49

作成した表示画面を保存するには

ビューの管理

使いやすいビューが出来上がったら名前を付けて保存しておきましょう。複数のビューを用意しておけば、用途に応じて簡単に切り替えることができます。

1 [すべてのビューの管理] ダイアログボックスを表示する

ここではレッスン48で作成したタスクのビューを保存する

1 [表示] タブをクリック

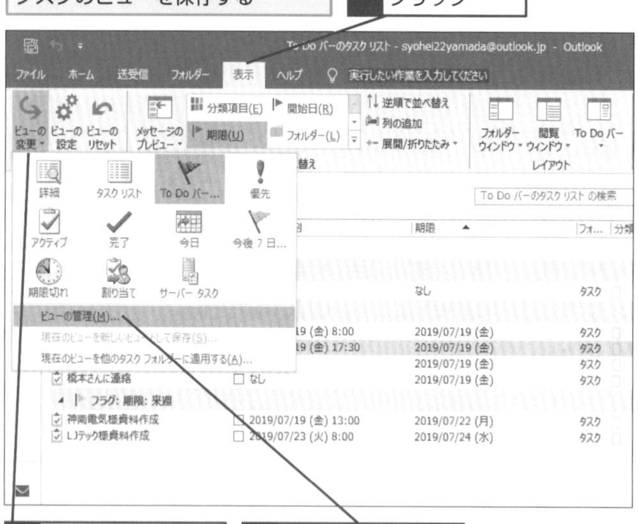

2 [ビューの変更] をクリック

3 [ビューの管理] をクリック

Hint!

作ったビューを削除するには

自分で作成したビューを削除するには、[すべてのビューの管理] ダイアログボックスで、削除したいビューを選択し、[削除] ボタンをクリックします。

2 [ビューのコピー] ダイアログボックスを表示する

[すべてのビューの管理] ダイアログボックスが表示された

1 [現在のビュー設定] をクリック

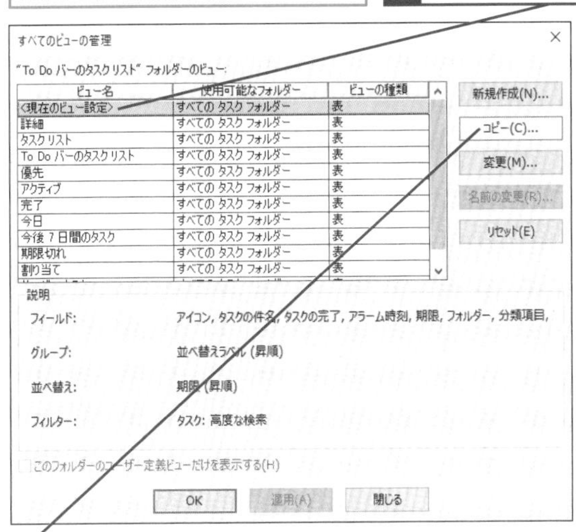

2 [コピー]をクリック

3 ビューの名前を入力する

[ビューのコピー] ダイアログボックスが表示された

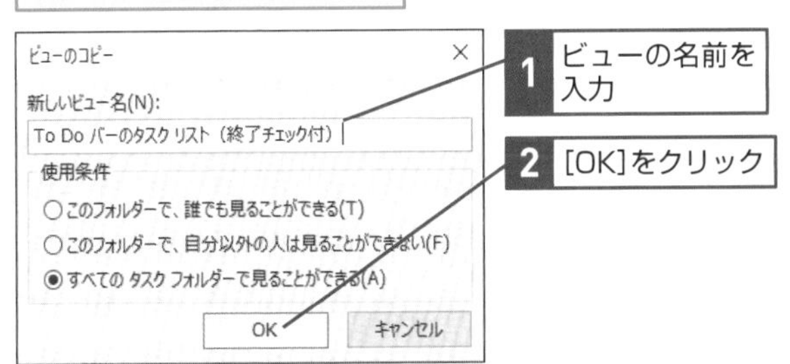

次のページに続く

4 ビューを保存する

[ビューの詳細設定]ダイアログボックスが表示された

タイトルバーに手順3で入力したビューの名前が表示される

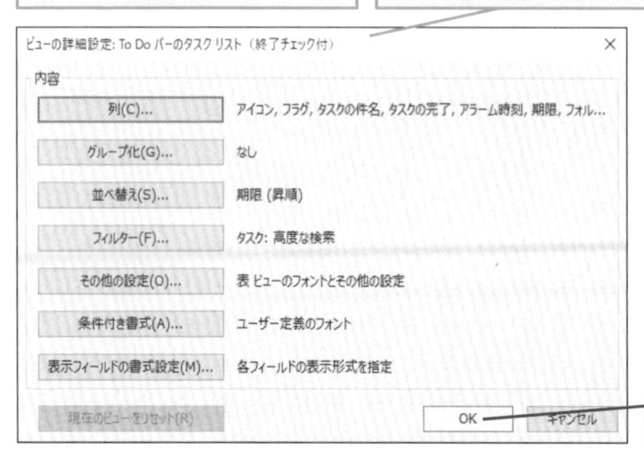

1 [OK]をクリック

[すべてのビューの管理] ダイアログボックスが表示された

2 [OK]をクリック

5 ビューをリセットする

変更したビューを元に戻す

1 [表示] タブをクリック

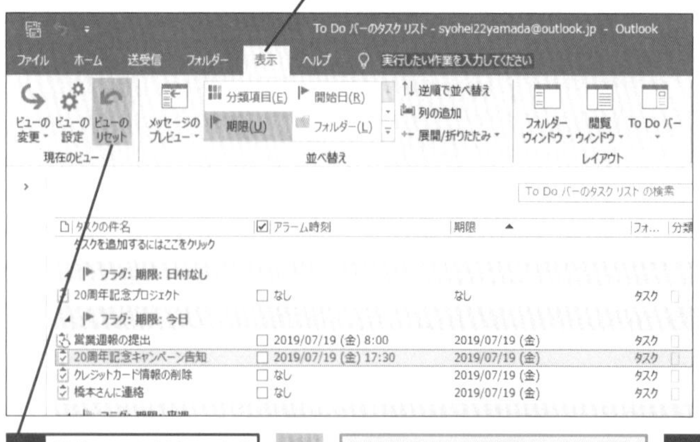

2 [ビューのリセット]をクリック

ビューのリセット

元のビューに戻すかどうかを確認する画面が表示された

3 [はい] をクリック

6 保存したビューに切り替える

ビューが元に戻った

手順4で保存したビューに切り替える

1 ［ビューの変更］をクリック

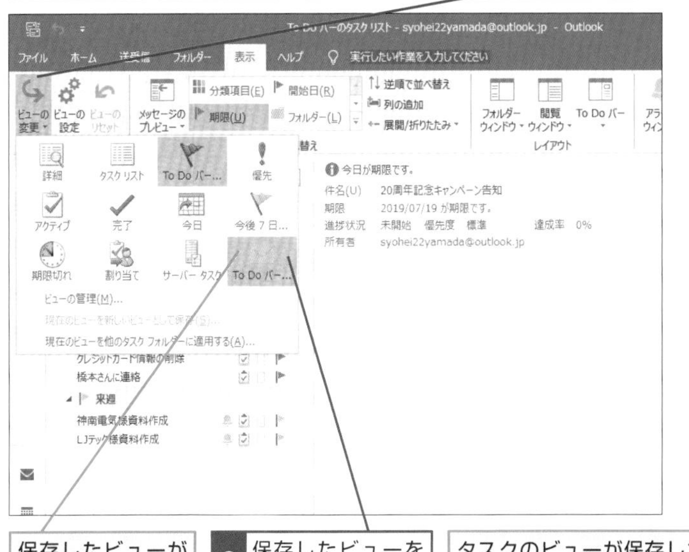

保存したビューが表示された

2 保存したビューをクリック

タスクのビューが保存したビューに切り替わる

Point 作ったビューは保存しよう

ビューは自分の好きなものをいくつでも作成できます。表示する必要のない項目を非表示にし、任意の順序で並べ替えるだけで目的に応じた専用のビューが完成します。［ビューのリセット］ボタンで、いつでも元の状態に戻せるので、安心して変更を加えていきましょう。そして、作成したビューが役に立ちそうなら、いつでも呼び出せるように保存しておきます。

レッスン 50

よく使う機能のボタンを追加するには

クイックアクセスツールバー

タイトルバーの左に常に表示されるクイックアクセスツールバーには、自由にボタンを配置できます。自分がよく使う機能のボタンを登録しておきましょう。

1 クイックアクセスツールバーにボタンを追加する

ここではクイックアクセスツールバーに［印刷］のボタンを追加する

1 ［クイックアクセスツールバーのユーザー設定］をクリック

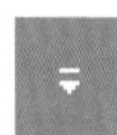

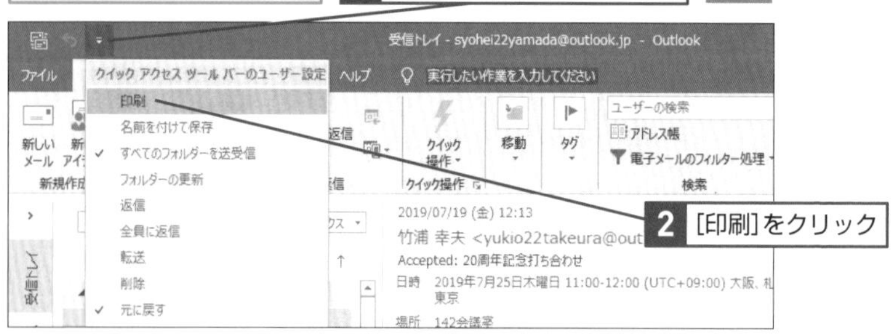

2 ［印刷］をクリック

Hint! リボンにあるボタンをクイックアクセスツールバーに追加できる

登録したいボタンがリボンに表示されているときは、リボンのボタンを右クリックして［クイックアクセスツールバーに追加］をクリックする方法が簡単です。

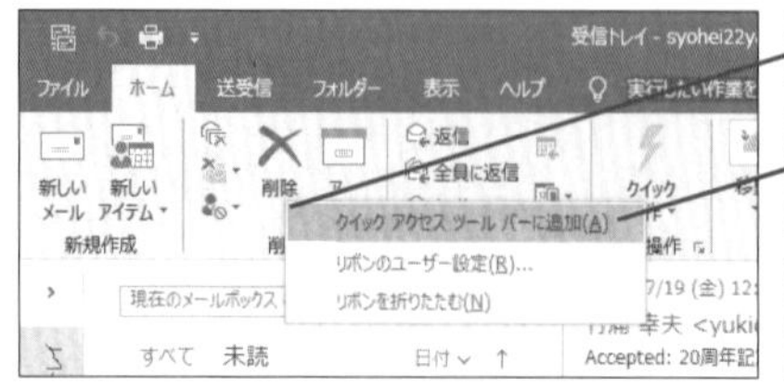

1 追加するボタンを右クリック

2 ［クイックアクセスツールバーに追加］をクリック

選択したボタンがクイックアクセスツールバーに追加される

Hint!

クイックアクセスツールバーからボタンを削除するには

ボタンを右クリックして［クイックアクセスツールバーから削除］をクリックすることで、必要のないボタンを削除できます。

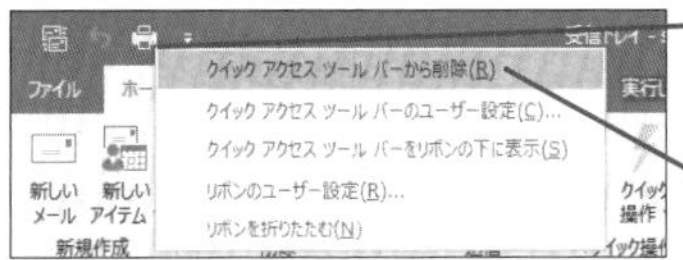

1 削除するボタンを右クリック

2 ［クイックアクセスツールバーから削除］をクリック

選択したボタンがクイックアクセスツールバーから削除される

2 クイックアクセスツールバーにボタンが追加された

クイックアクセスツールバーに［印刷］のボタンが追加された

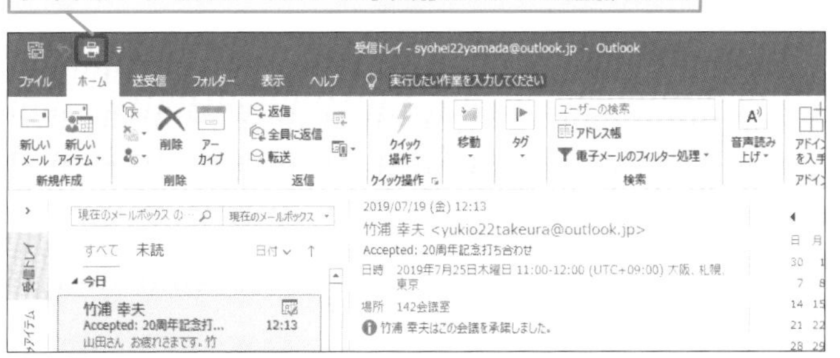

⚠ 間違った場合は？

間違ったボタンを追加してしまった場合は、上のHint!の手順を参考にボタンを削除します。

Point 最も利用頻度の高いボタンを追加しよう

クイックアクセスツールバーは、Outlookの画面に常に表示されます。クイックアクセスツールバーに利用頻度の高い機能を追加しておけば、リボンからボタンを探して操作するよりも、素早く操作ができます。リボンが折り畳まれているときでも同様です。頻繁に使う機能を登録しておくようにしましょう。

レッスン
51

リボンにボタンを追加するには

リボンのユーザー設定

リボンに表示されるボタンや項目は、Outlookで利用できる機能の一部です。ここでは、よく使う機能のボタンをリボンに追加する方法を紹介します。

1 ［リボンのユーザー設定］の画面を表示する

［ファイル］タブの［オプション］をクリックして、［Outlookのオプション］ダイアログボックスを表示しておく

1 ［リボンのユーザー設定］をクリック

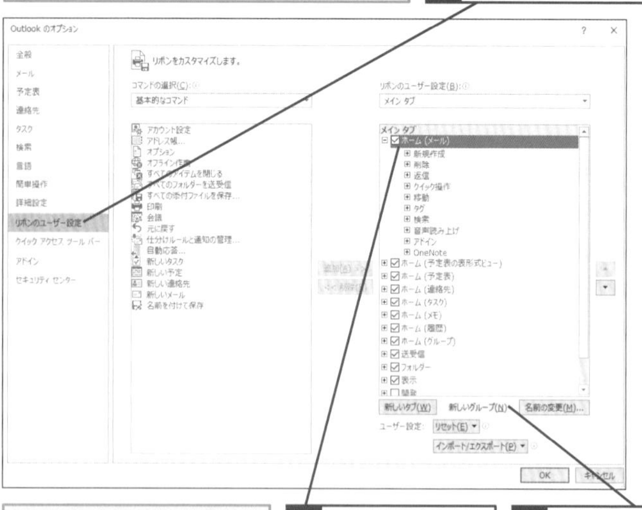

ここでは、メールを表示しているときの［ホーム］のリボンに［Outlook Today］のボタンを追加する

2 ［ホーム(メール)］をクリック

3 ［新しいグループ］をクリック

Hint!

コマンドって何？

コマンドとは、Outlookで使える1つ1つの機能のことです。Outlookのリボンでは、タブがいくつかのグループに分けられ、グループごとにコマンドがボタンとして表示されます。

2 グループに追加するボタンを選択する

[ホーム] タブに [新しいグループ] というグループが追加された

1 [コマンドの選択] をクリック

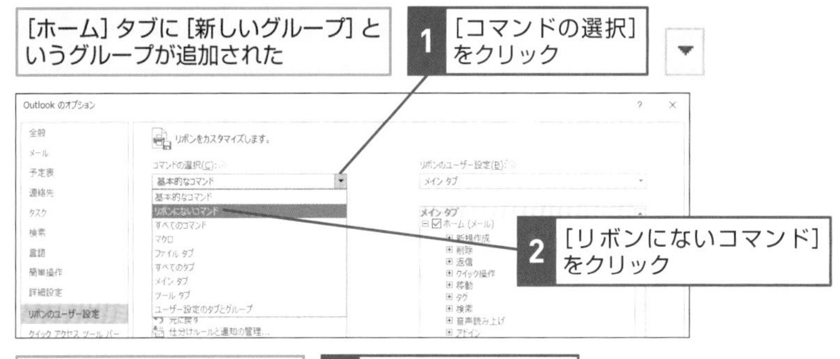

リボンに表示されていない項目の一覧が表示された

3 [Outlook Today] をクリック

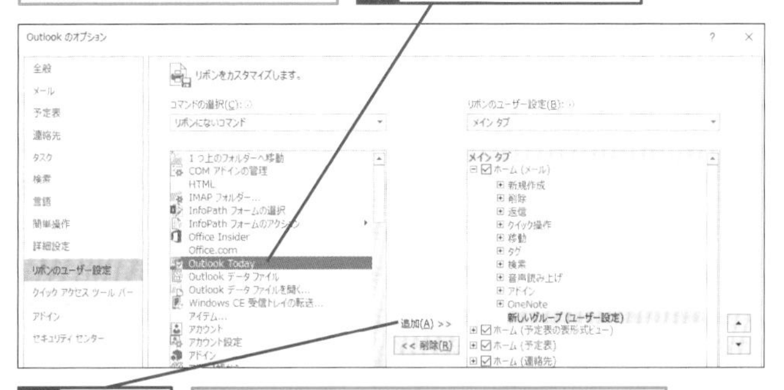

4 [追加] をクリック

手順1で追加したグループに [Outlook Today] のボタンが追加される

⚠間違った場合は？

手順2で間違ったコマンドのグループを選択した場合は、もう一度操作をやり直し、正しいコマンドのグループを表示します。

次のページに続く

3 グループの名前を変更する

追加されたグループの名前を入力する

2 [名前の変更] を クリック |

[名前の変更] ダイアログボックスが表示された

3 グループの名前を入力

4 [OK]をクリック

表示名: Today

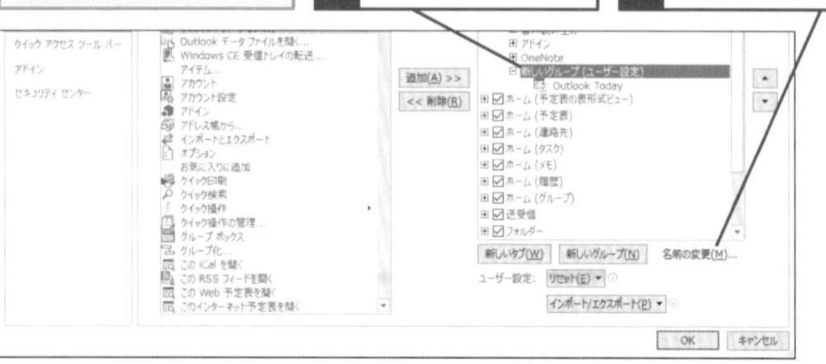

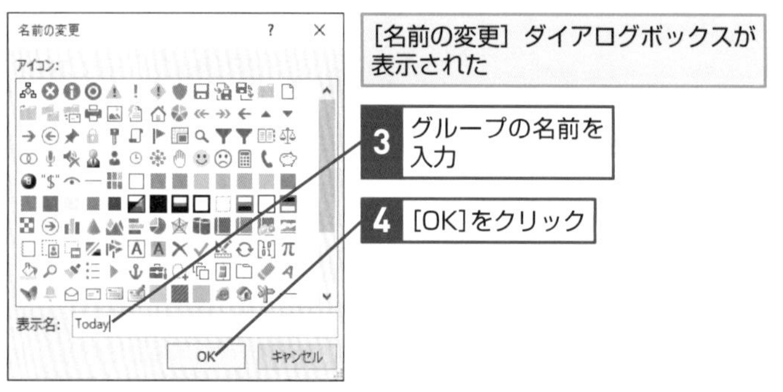

Hint! 追加したグループを削除するには

追加されたリボンのグループは手順2の画面で、中央にある［削除］ボタンをクリックしていつでも削除できます。また、標準で用意されているリボンのグループでも、使わないボタンについては削除することができます。リボンのカスタマイズ結果は、[リセット] ボタンでいつでも初期状態に戻せます。

Hint! リボンのアイコンを選択できる

追加したコマンドに標準のアイコンがない場合は、手順3の下の画面で名前を入力するときに、ボタンのアイコンを指定することができます。機能を想像しやすい絵柄のアイコンを選んで設定しておきましょう。

4 リボンの設定を保存する

グループの名前が入力された

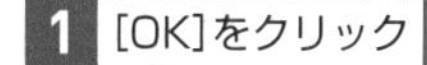

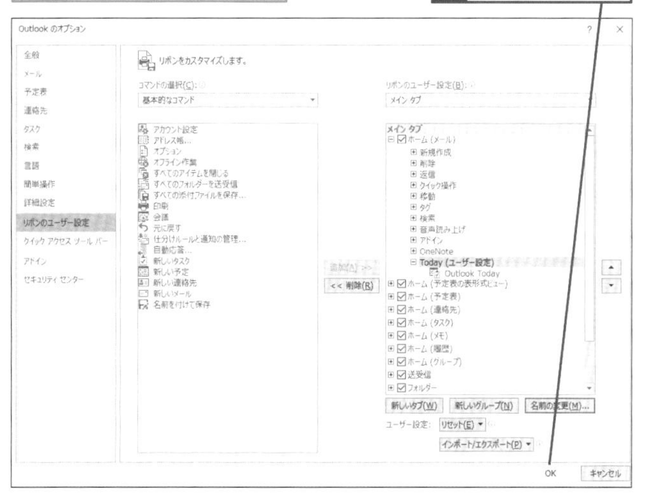

作成した[Today]のグループに[Outlook Today]のボタンが表示された

Point 利用頻度の高いボタンを追加しよう

Outlookのリボンは、クイックアクセスツールバーとは違い、メールや予定表など表示する画面ごとに細かくカスタマイズできます。このレッスンではボタンを追加する手順を解説しましたが、使わないボタンを削除したり、よく使うボタンだけをまとめて［ホーム］タブに表示したりすれば、Outlookがより使いやすくなるでしょう。

ステップアップ！

To Do バーでタスクの登録や予定の確認ができる

To Doバーを表示しておけば、思い付いたときにすぐに新しいタスクを作成できます。以下の手順のように件名を入力したり、フラグを設定したりするといいでしょう。また、予定表のTo Doバーで日付をクリックすると、選択した日付以降の予定が表示されます。

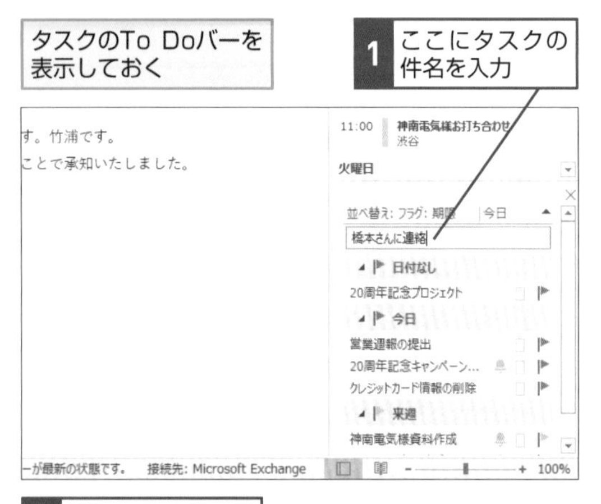 │
│ 表示しておく   │   │ 件名を入力   │
└──────────────────┘   └──────────────────┘
2 Enter キーを押す
┌──────────────────┐   ┌──────────────────┐
│ タスクが登録され、To   │   │ ここをクリックすると、   │
│ Doバーに表示された   │   │ タスクに印を付けられる   │
└──────────────────┘   └──────────────────┘
┌──────────────────┐
│ ここをクリックすると、   │
│ 分類項目を設定できる   │
└──────────────────┘
（左端）第6章 情報を整理して見やすくする

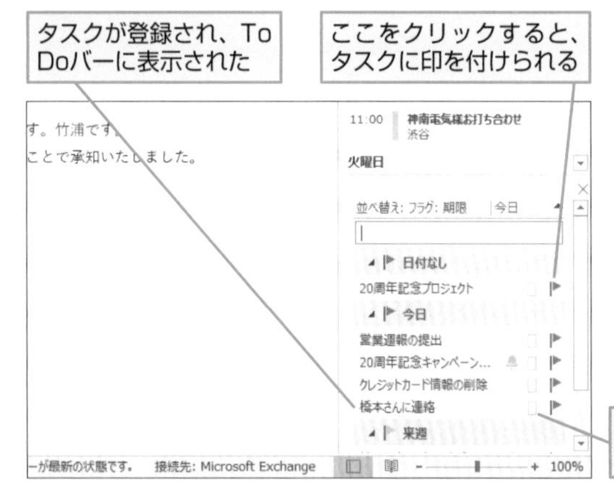

第7章

企業や学校向けのサービスで情報を共有する

多くの企業や学校ではMicrosoftのExchangeサービスをメールやコラボレーションのために運用しています。また、自社で運用するだけではなく、Exchangeサービスは、クラウドサービスとして提供されています。Outlookは、Exchangeサービスと組み合わせたときに最大限の機能を発揮するように作られています。この章では、Exchangeを使った情報共有について説明します。

レッスン
52

Outlookの機能をフルに使うには
企業、学校向けExchangeサービスの紹介

企業や学校で提供されるメールやコラボレーションツールが、ExchangeサービスならOutlookの機能を存分に発揮できます。ここではその概要を紹介します。

予定やタスクを共有してコラボレーション

これまでの章では、自分のメールや予定、タスク、連絡先などを管理してきました。Outlookは、これらをチームメンバーと共有することもできます。例えば、今までは複数のメンバーで会議をしたいときに、予定を調整するメールを何度もやりとりして、全員が出席できる日時を決めていました。予定表が共有されていれば、メンバー全員の空いている日時はすぐに分かります。Outlookなら、相手の予定表のその時間に会議の仮予約を入れることもできます。

Hint!

タスクや連絡先も共有できる

この章では、予定表の共有方法を解説していますが、同様にして連絡先やタスクも共有できます。タスクなら［新しいタスク］ウィンドウで［タスクの依頼］ボタンから、連絡先なら、連絡先を表示した画面で［連絡先の共有］ボタンから共有できます。

●会議の予定の例

自分の予定表

2019年 8...
30°C / 25°C
30°C / 25°C
7月28日 29日 30日 31日 8月1日 2日 3日
11:00 都内企画調整会: 第一会議室
13:00 新製品プレゼン
4日 5日 6日 7日 8日 9日 10日
10:00 広告デザイン打ち合わせ
11日 12日 13日 14日 15日 16日 17日
18日 19日 20日 21日 22日 23日 24日
25日 26日 27日 28日 29日 30日 31日

星野さんの予定表

2019年 8...
30°C / 25°C
30°C / 25°C
7月28日 29日 30日 31日 8月1日 2日 3日
11:00 予定あり
10:00 予定あり
17:00 予定あり
4日 5日 6日 7日 8日 9日 10日
11日 12日 13日 14日 15日 16日 17日
18日 19日 21日 22日 23日 24日
25日 26日 29日 29日 31日

矢島さんの予定表

2019年 8...
30°C / 25°C
30°C / 25°C
7月28日 29日 30日 31日 8月1日 2日
11:00 予定あり
13:00 予定あり
4日 5日 6日 7日 8日 9日 10日
11日 12日 13日 14日 15日 17日
18日 19日 20日 21日 22日 24日
25日 26日 27日 28日 29日 30日 31日

8...
今日
30°C / 25°C
予定表 ×
日 月 火 水 木 金 土
2 2 3 3 1 2 3
11:00 部.
15:30 プ..
13:00 新.
4日 5日 6日 7日 8日 9日 10日
10:00 広.
11日 12日 13日 14日 15日 16日 17日
18日 19日 20日 21日 22日 23日 24日
25日 26日 27日 28日 29日 30日 31日

全員の予定を共有して同時に表示できる

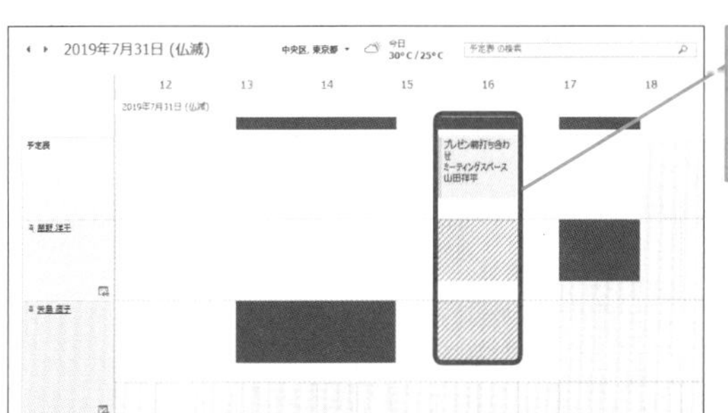

重ねて表示して全員の予定が空いている時間に会議を予約できる

コラボレーションはExchangeサービスで

このようなコラボレーション機能を実現するには、メールサービスのシステムとして、「Microsoft Exchange」が使われている必要があります。実際に多くの企業や学校で、Microsoft Exchangeが採用されています。Exchangeサービスは、次の2つに大別されます。

●一般法人、教育機関向けのクラウドサービス
「Exchange Online」

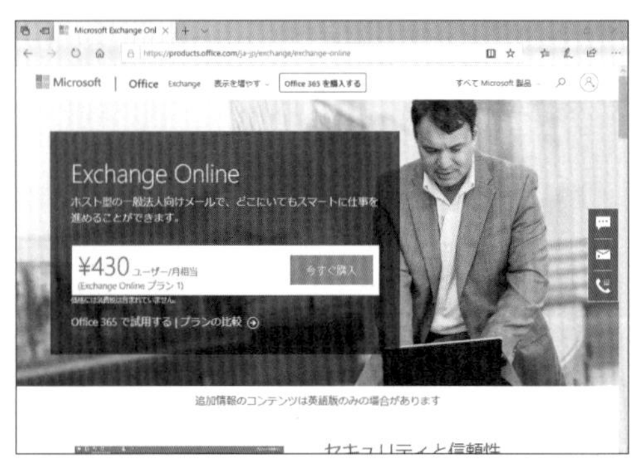

●企業向けの自社内運用サービス
「Exchange Server」

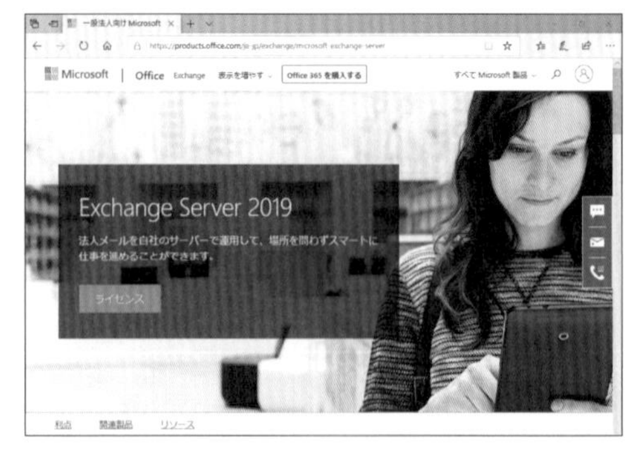

利用者は、特にこの違いを意識する必要はありませんが、Exchangeサービスを利用していない方でこの章のレッスンを自分でも試してみたい場合は、Exchange Onlineを個人で使うこともできます。

個人や家族でも使えるExchangeサービス

Exchangeはクラウドサービスのフ Microsoft Exchange Onlineとしても提供され、個人でも月額430円／1ユーザー（税別：2020年1月現在）で利用できます。PC単体、あるいはOutlook.comでは提供されていない機能を利用でき、メール、予定表、タスク、メモ、連絡先を統合的に管理し、すべてのアイテムを連携させて使うことができます。さらに、Webブラウザー、Android、iOSなどのあらゆる機器から利用できるといった特徴があります。コラボレーション機能が特徴なので、Outlookの真価を発揮するには、家族の分も契約する必要があります。契約には、Microsoftアカウントとクレジットカードが必要です。

▼Exchange OnlineのWebページ
https://products.office.com/ja-jp/exchange/exchange-online

［今すぐ購入］をクリックして、購入手続きを行う

Point チームで使うと何ができるの？

Exchangeサービスの最たる特徴は、予定表や連絡先の共有などチームでの共同作業ができる点にあります。グループスケジュール、会議室、機材の予約などのリソース管理などは、コラボレーションシステムならではのものです。

レッスン
53
予定表を共有するには
共有メールの送信

組織内の他の人に対して自分の予定を公開することで、会議や打ち合わせの予定をたてやすくできます。自分の予定表を組織内の他の人に公開してみましょう。

予定を共有する際の操作

1 予定表の共有を開始する

企業や学校のExchangeサービスにログインしておく

1 ［予定表］をクリック

2 ［共有］をクリック

3 ［予定表の共有］をクリック

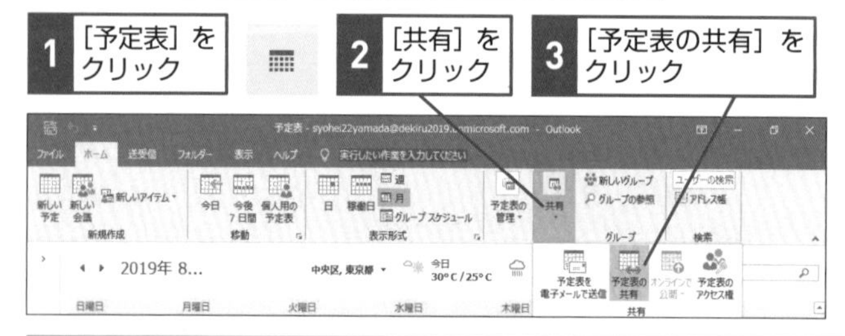

Office 365では［予定表の共有］-［予定表］の順にクリックすると［予定表プロパティ］ダイアログボックスが表示される

共有メールの送信用のウィンドウが表示された

4 共有する相手のメールアドレスを入力

5 ［送信］をクリック

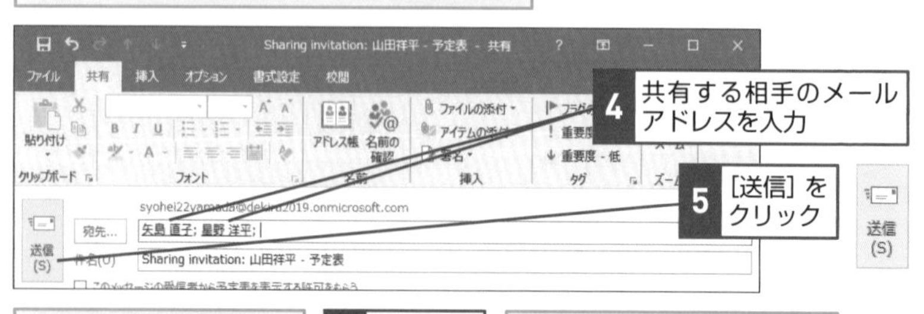

予定表の共有を確認するメッセージが表示された

6 ［はい］をクリック

相手側がメールを受け取れば共有される

2 予定表のアクセス権を変更する

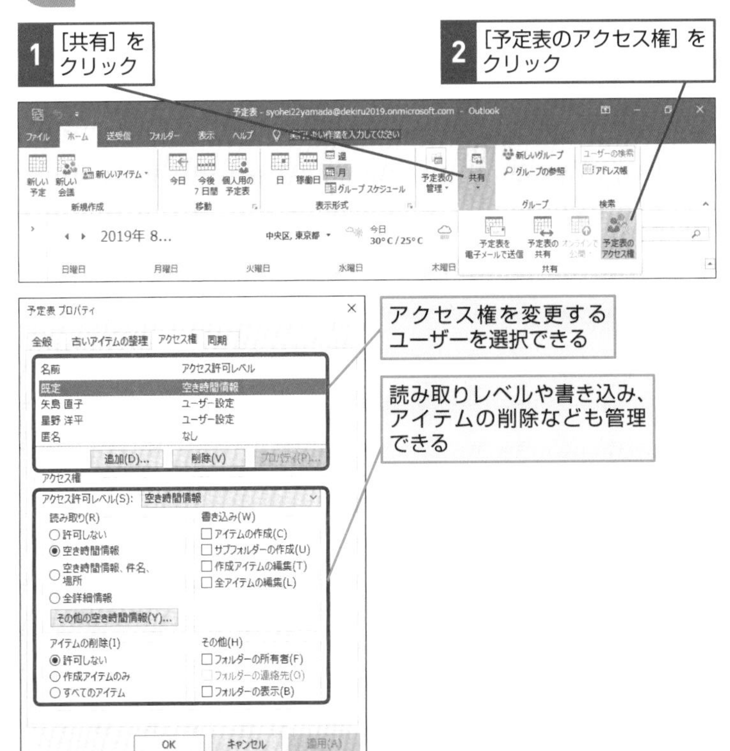

Point 予定は自分だけのものではない

上司や部下、あるいは同僚の予定をある程度把握することができれば、メールで複数メンバーの予定を問い合わせて互いの空き時間をすりあわせるといったことをしなくても、短時間でチームの予定を決めることができます。共同作業においては、予定が自分だけのものではないことを頭においておきましょう。

レッスン 54

他人のスケジュールを管理するには

他人の予定表を開く

予定表が共有されるとその旨を知らせるメールが届きます。チームの他のメンバーの予定表を開き、全員の都合がいいのは、いつなのかをチェックしてみましょう。

共有のお知らせメールを受け取ったときの操作

1 予定表を開く

予定表が共有されたお知らせのメールが届いている

1 ［この予定表を開く］をクリック

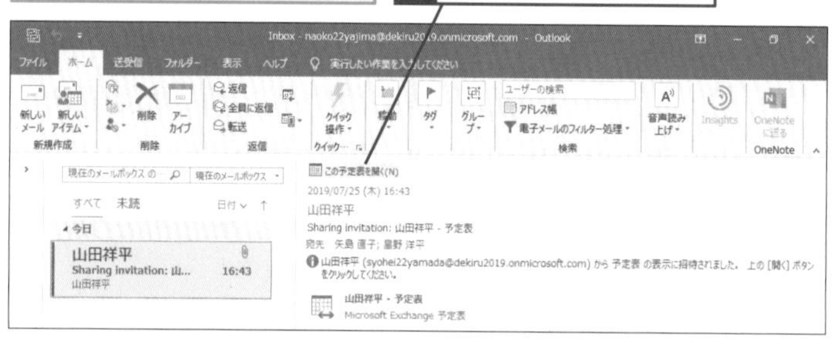

共有された予定表を開くことができた

共有されたのは空き時間情報だけなので、予定は表示されない

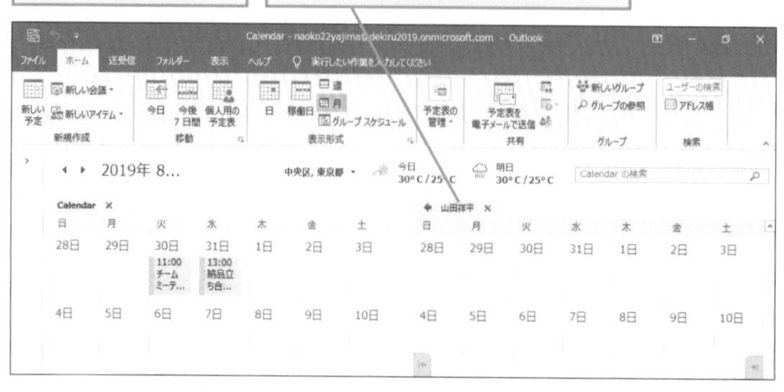

2 予定表を取得する

メールが来ない場合の操作

1 [予定表の管理]をクリック

2 [予定表を開く]をクリック

3 [アドレス帳から]をクリック

今回は複数選択する

4 [星野洋平]をダブルクリック

5 [矢島直子]をダブルクリック

6 [OK]をクリック

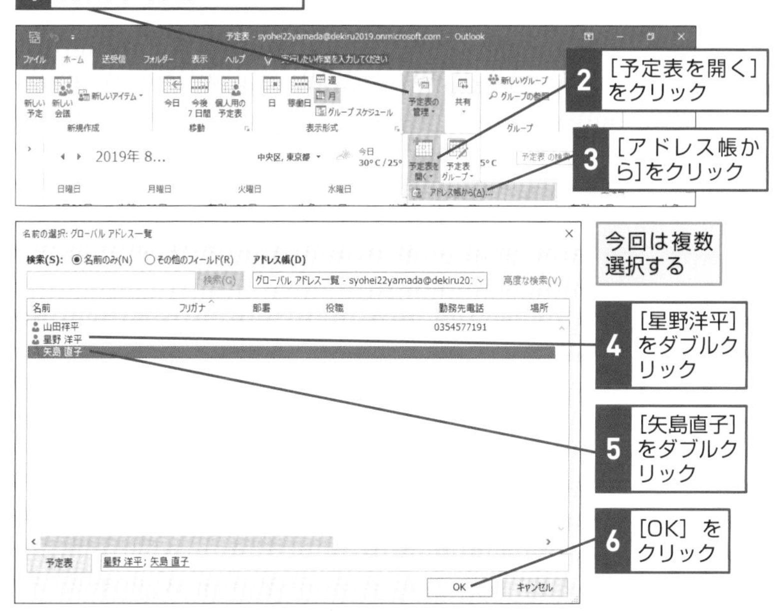

自分を含めて3人分の予定表が表示される

Point 他人の予定を把握すればビジネスのスピードがあがる

チーム内のいつ誰がどこで何をしているかを知ることはビジネスの現場ではとても重要なことです。手帳の予定表を見ることはプライベートではためらわれるかもしれませんが、チームでの仕事をうまく進めるためには必須の行為といってもいいでしょう。チーム内のメンバーの動きを把握し、共同作業を効率よくこなせるようになりましょう。

レッスン
55

他人のスケジュールを確認するには

グループスケジュール

複数のメンバーを集めた会議を開催するには、グループスケジュールを設定します。個々のメンバーの空き時間をチェックし、会議を招集してみましょう。

1 新しく会議を招集する

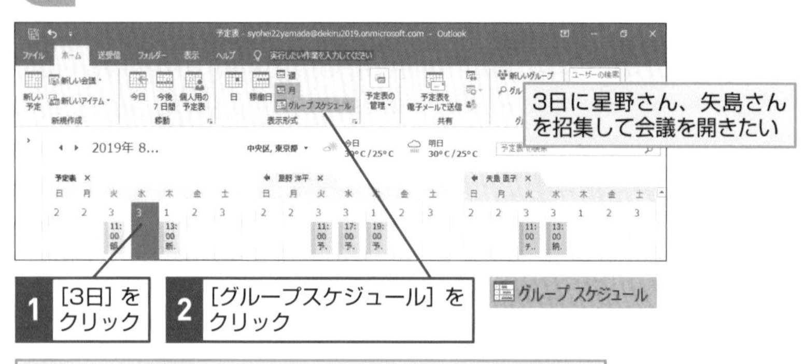
3日に星野さん、矢島さんを招集して会議を開きたい
1 [3日] をクリック
2 [グループスケジュール] をクリック
グループ スケジュール

Office 365では[スケジュールアシスタント]タブを操作する

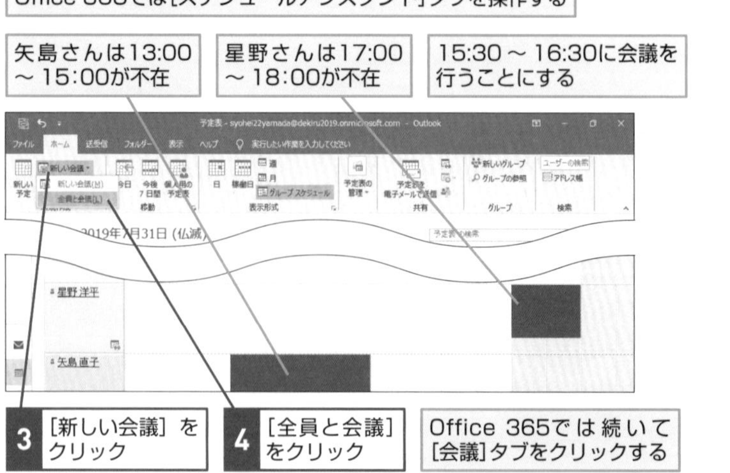
矢島さんは13:00～15:00が不在
星野さんは17:00～18:00が不在
15:30～16:30に会議を行うことにする
星野洋平
矢島直子
3 [新しい会議] をクリック
4 [全員と会議] をクリック

Office 365では続いて[会議]タブをクリックする

2 会議を依頼する

会議の出席依頼メールのウィンドウが開いた

1 [スケジュールアシスタント]をクリック

2 15:30 ～ 16:30をドラッグ

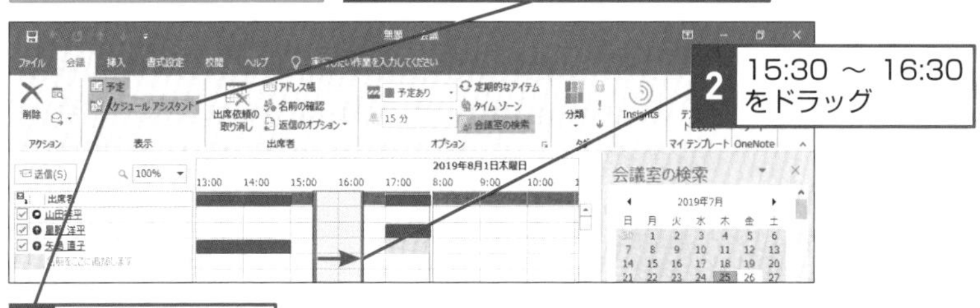

3 [予定]をクリック

4 [件名]を入力

5 [場所]を入力

6 会議依頼の本文を入力

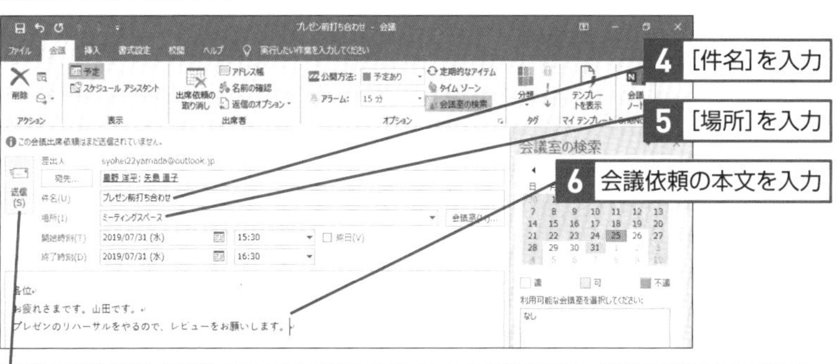

7 [送信]をクリック

送信(S)

自分の予定表に会議の予約が入る

参加者の予定表には斜線が表示され会議の仮予約が入る

Point 複数のメンバーの予定を表示し会議の予定を決められる

グループスケジュールでは、参加を求めるメンバーの予定を横レイアウトで表示し、それぞれのメンバーの空き時間を把握しやすくします。従来はそれぞれのメンバーと何度かのメールをやりとりして日程を詰めていたはずです。グループスケジュールを使えば、全員が空いていることが分かっている時間に会議を設定して招待することができるので、会議の成立が確実なものになります。

ステップアップ！

招待した会議をキャンセルするには

会議の招待メールを送った後に、優先順位の高い予定が入るなどして会議をキャンセルしたい場合は、予定表で会議の予定をダブルクリックし、会議のウィンドウで［会議のキャンセル］をクリックします。

1 会議のウィンドウで［会議のキャンセル］をクリック

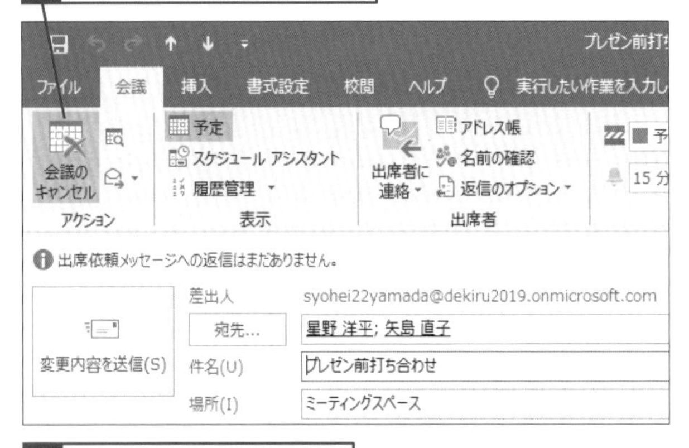

2 ［キャンセル通知を送信］をクリック

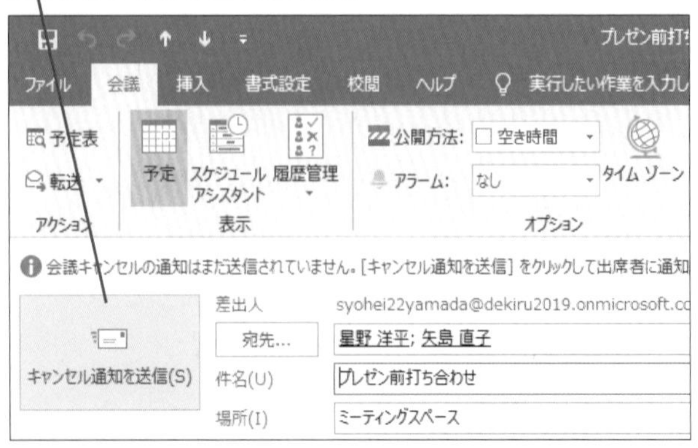

付録1

Microsoftアカウントを新規に取得するには

ここでは、Outlookで利用するメールアカウントとして、Outlook.comのWebページからMicrosoftアカウントを新規に取得する方法を解説します。

1 アカウントの作成画面を表示する

注意 ここでは、Microsoftアカウントを新規に取得する方法を紹介します。Windows 10でパソコンの初期設定時にMicrosoftアカウントを取得しているときやMicrosoftアカウントを取得済みの場合は、この付録の操作は不要です。

Webブラウザーを開いておく

1 アドレスバーに下記のURLを入力

2 Enter キーを押す

▼Outlook.comのWebページ
https://outlook.live.com/owa/

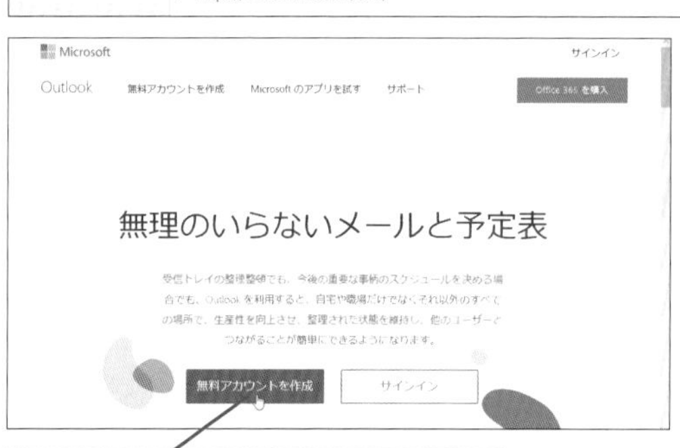

ここでは、Microsoftアカウントを新規に取得する

3 [無料アカウントを作成]をクリック

次のページに続く

2 ユーザー名とパスワードを入力する

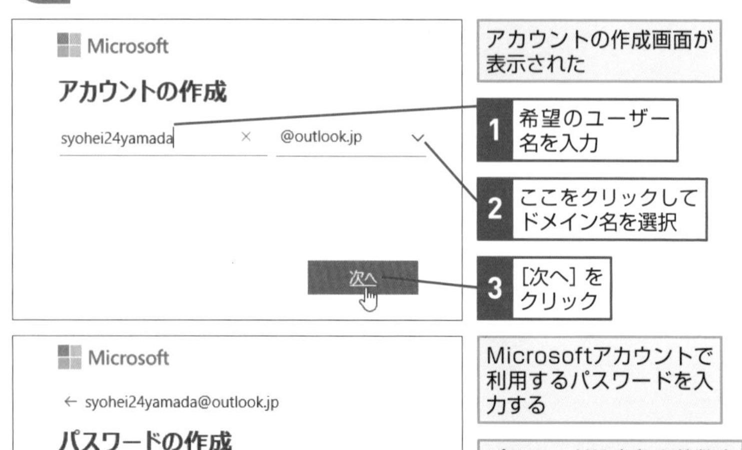

Microsoft

← syohei24yamada@outlook.jp

パスワードの作成

お客様のアカウントで使用するパスワードを入力します。

••••••••••••••

Microsoft の製品とサービスに関する情報、ヒント、およびキャンペーンのメール受信を希望します。

[次へ] を選択することにより、Microsoft サービス規約とプライバシーと Cookie に関する声明に同意するものとします。

次へ

Microsoftアカウントで利用するパスワードを入力する

パスワードは半角の英数字や記号などを組み合わせて8文字以上にする

4 希望のパスワードを入力

5 [次へ] をクリック

3 氏名を入力する

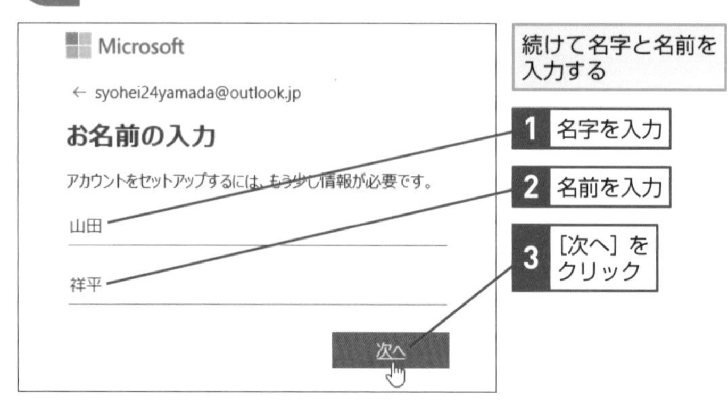

4 居住地とユーザー情報を入力する

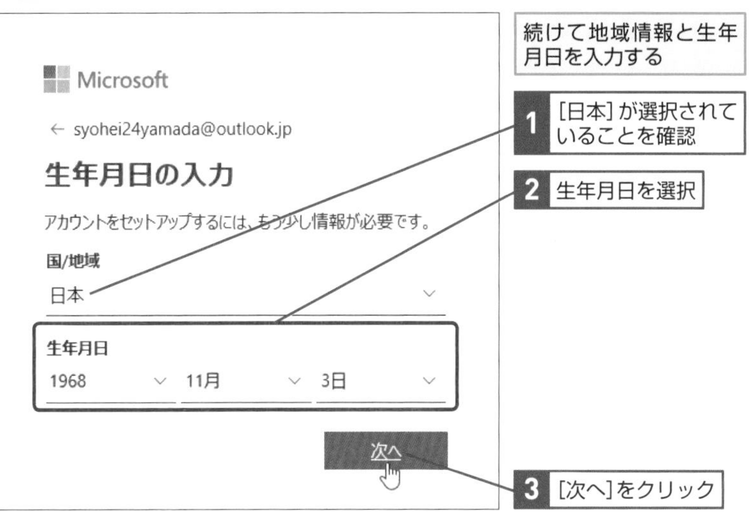

続けて地域情報と生年月日を入力する

1 ［日本］が選択されていることを確認

2 生年月日を選択

3 ［次へ］をクリック

5 画像認証を行う

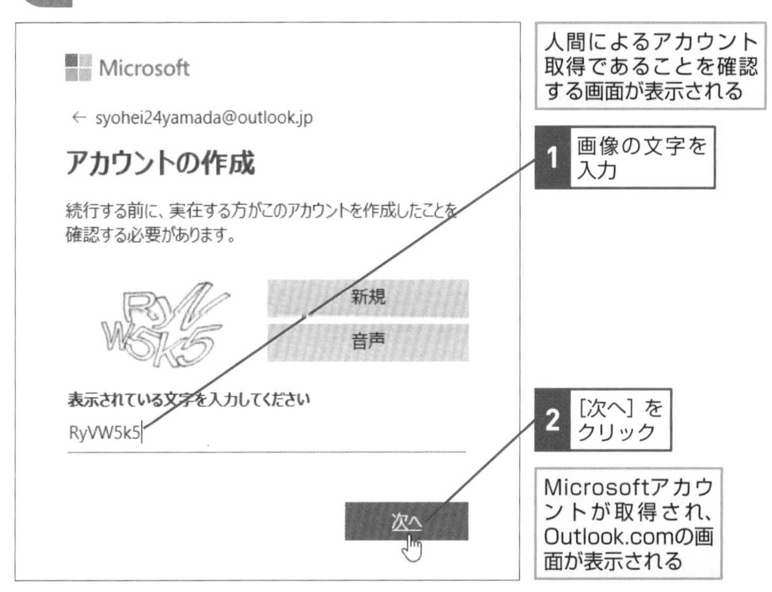

人間によるアカウント取得であることを確認する画面が表示される

1 画像の文字を入力

2 ［次へ］をクリック

Microsoftアカウントが取得され、Outlook.comの画面が表示される

付録

付録2

スマートフォンでOutlookのデータを共有する

Outlookは、パソコンで使うOutlook 2019以外にも、スマートフォンやタブレットで使えるアプリが提供されています。パソコン版のOutlookのように多機能ではなく、フル機能をサポートしたものではありませんが、手元のスマートフォンにインストールして利用することができます。また、スマートフォンのGmailアプリ、カレンダーアプリ、iPhoneの標準メールアプリ、標準カレンダーアプリなどは、Outlook.comやExchangeメールサービスをサポートしています。日常的に使い慣れているこれらのアプリを使ってOutlookのデータを共有し、まさにいつでもどこでも、どんな機器でも自分の情報を読み書きできるようにしておきましょう。

iPhoneでのOutlookの利用イメージ

iPhoneでOutlookのデータを読み書きするには複数の手段があります。データがクラウドで管理されるExchange、Outlook.comなどのメールサービスを使うことで、パソコンのOutlookとiPhoneの両方から同じデータを参照することができます。もちろん書き込みも可能です。

iPhone

標準のアプリから
メールの送受信や
予定表の確認ができる

標準メールアプリ

iPhoneが標準で提供しているメールアプリです。App Storeからダウンロードすることなく必ず最初からインストールされています。また、標準カレンダーアプリを使えば予定表の管理ができます。

[Outlook] アプリ

マイクロソフトがiPhone用に提供している無料のアプリです。App Storeで検索し、インストールして使います。1つのアプリでメールの読み書きと予定表の管理ができます。

次のページに続く

付録

iPhoneにOutlookアカウントを追加する

1 アカウントの選択画面を表示する

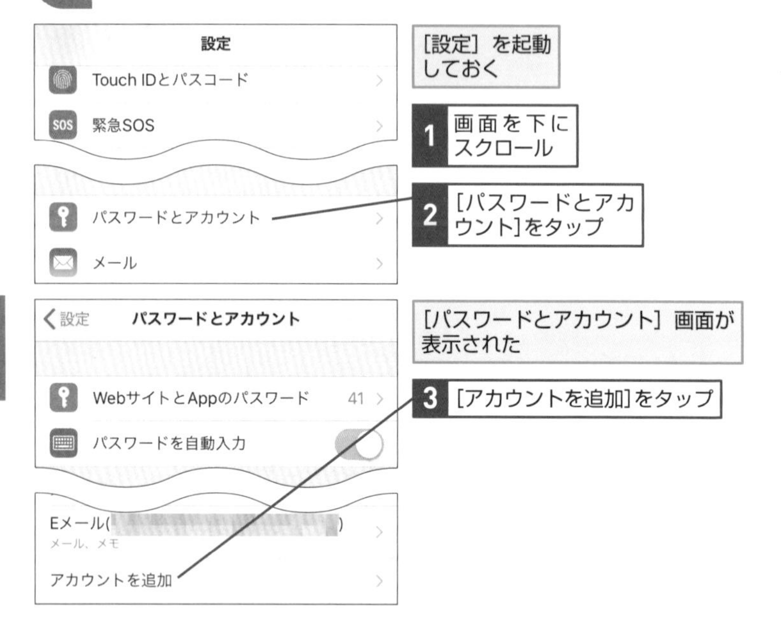

2 追加するアカウントの種類を選択する

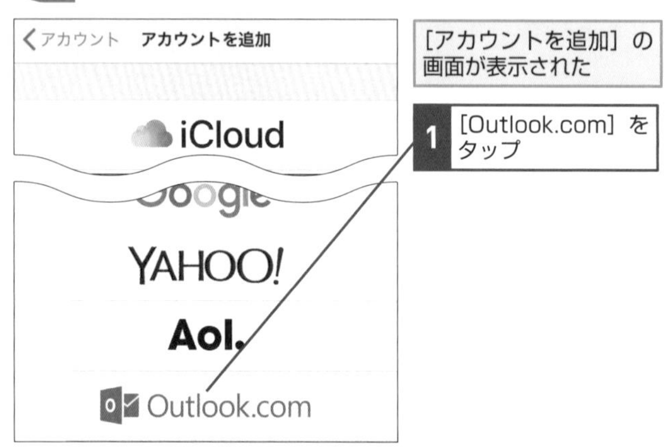

3 アカウントのメールアドレスとパスワードを入力する

メールアドレスの入力画面が表示された

1 Outlookアカウントのメールアドレスを入力

2 [次へ] をタップ

パスワードの入力画面が表示された

3 Outlookアカウントのパスワードを入力

4 [サインイン]をタップ

4 Outlookアカウントが追加された

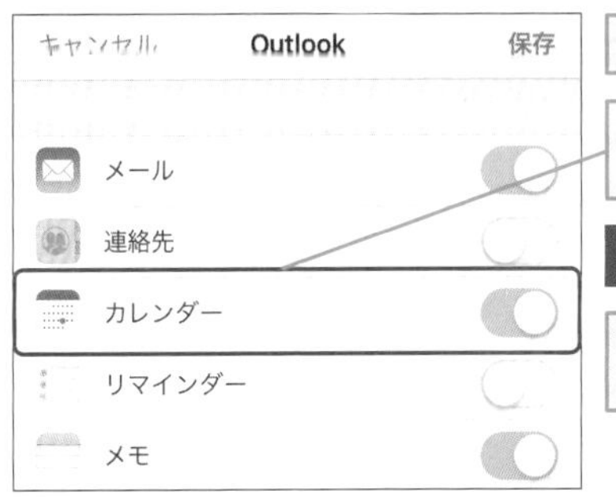

アカウントの設定が完了した

カレンダーの同期がオンになっていることを確認する

1 [保存]をタップ

Outlookアカウントが追加される

次のページに続く

付録

iPhoneでOutlookアカウントのメールを閲覧する

5 Outlookアカウントの受信トレイを表示する

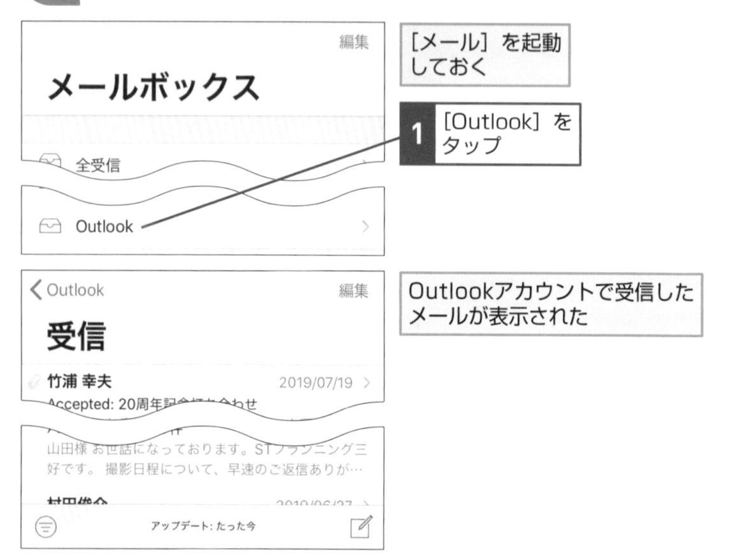

iPhoneでOutlookアカウントの予定表を閲覧する

6 ［カレンダー］で予定を表示する

［カレンダー］を起動しておく

同期されたOutlookアカウントの予定表が表示された

Androidスマートフォンでの Outlookの利用イメージ

AndroidスマートフォンでOutlookのデータを読み書きするには複数の手段があります。データがクラウドで管理されるExchange、Outlook.comなどのメールサービスを使うことで、パソコンのOutlookとAndroidスマートフォンの両方から同じデータを参照することができます。もちろん書き込みも可能です。

Androidスマートフォン

[Gmail] アプリからメールの送受信ができる

予定表を確認するにはOutlook.comか[Outlook]アプリを使う

[Gmail] アプリ

多くのAndroidユーザーが使っている [Gmail] アプリです。Androidスマートフォンには必ず最初からインストールされています。

[Outlook] アプリ

マイクロソフトがAndroid OS用に提供している無料のアプリです。Google Playストアで検索してインストールして使います。1つのアプリでメールの読み書きと予定表の管理ができます。

端末メーカー独自アプリ

多くの場合、端末のメーカーごとにメールとカレンダーがアプリとしてはじめから提供されています。これらにもExchangeやOutlook.comのメールや予定表のデータを読み書きするためのアカウントを設定することができます。

次のページに続く

AndroidスマートフォンにOutlookアカウントを追加する

1 Outlookアカウントの追加をはじめる

2 アカウントの追加先を選択する

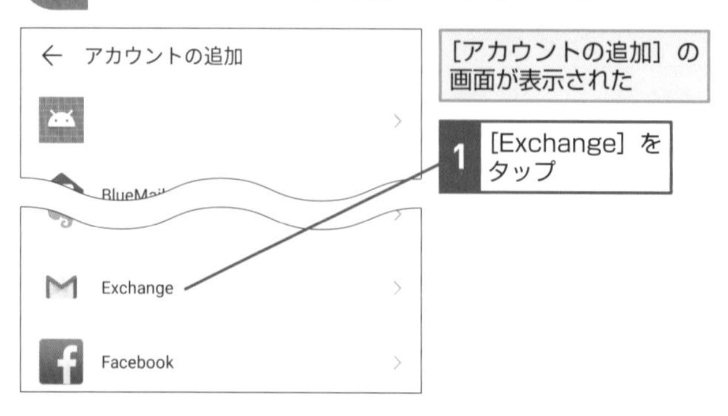

3 アカウントのメールアドレスとパスワードを入力する

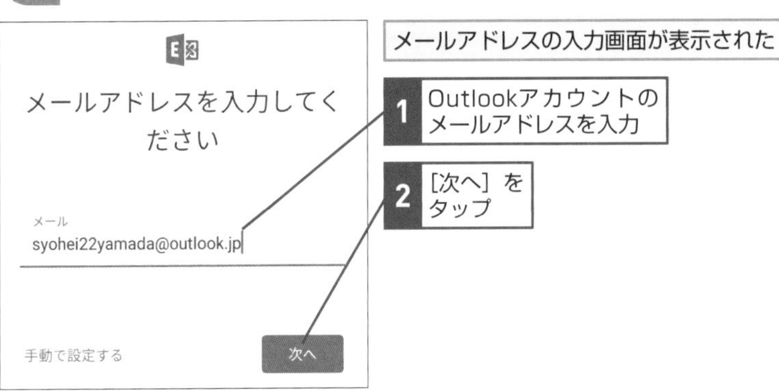

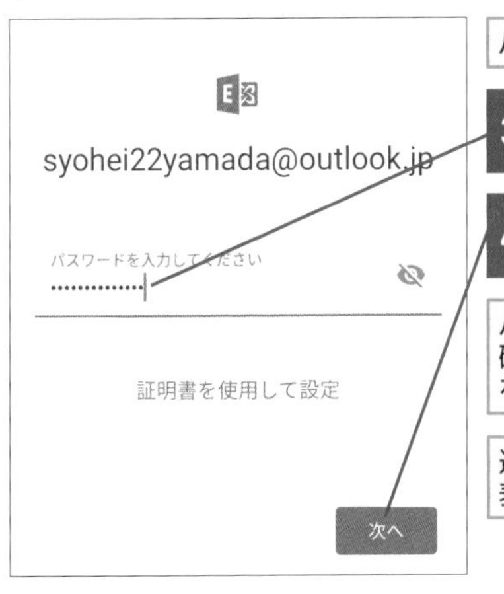

パスワードの入力画面が表示された

3 Outlookアカウントのパスワードを入力

4 [次へ] をタップ

パスワードをグーグルに保存するか確認する画面が表示されたら［はい］をタップする

連絡先へのアクセスを確認する画面が表示されたら[許可]をタップする

4 Outlookアカウントが追加された

アカウントの設定が完了した

1 [完了] をタップ

次のページに続く

AndroidスマートフォンでOutlookアカウントのメールを閲覧する

5 アカウントの管理画面を表示する

6 表示するメールアカウントを選択する

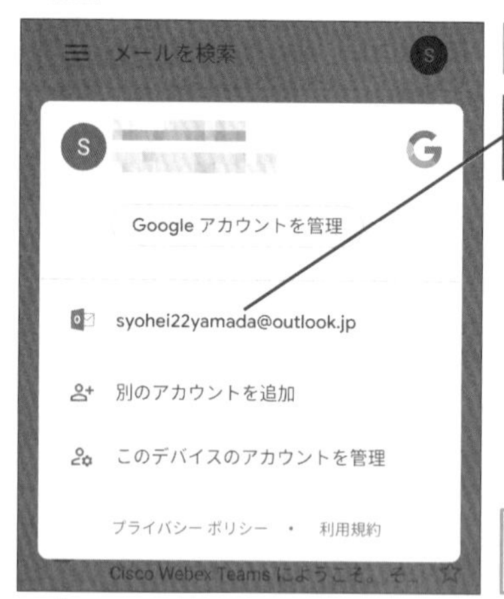

アカウントの管理画面が表示された

1 追加したOutlookアカウントをタップ

Outlookアカウントで受信したメールが表示される

Hint!

GoogleカレンダーはOutlookの予定表を参照しない

カレンダーアプリはグーグル標準アプリ以外に、端末のメーカーが独自に用意しているものがプリインストールされています。それらの多くは、アカウントの追加でExchangeアカウントを扱うことができます。インストールされているアプリに、Googleカレンダー以外の予定表関連アプリがないか探してみましょう。

付録3

ショートカットキー一覧

さまざまな操作を特定の組み合わせで実行できるキーのことをショートカットキーと言います。ショートカットキーを利用すれば、OutlookやWindowsの操作を効率化できます。

	操作	ショートカットキー	使用するレッスン
全般の操作	[Outlookのオプション]ダイアログボックスの表示	Alt + F + T	レッスン9
	アイテムの移動	Ctrl + Shift + V	レッスン18
	アイテムの検索	Ctrl + E	レッスン31
	アイテムを開く	Ctrl + O	レッスン27
	上書き保存	Ctrl + S	レッスン38
メールの操作	メールの表示	Ctrl + 1	レッスン7
	新しいメッセージの作成	Ctrl + Shift + M	レッスン10
	すべてのフォルダーを送受信	F9	レッスン11
	全員に返信	Ctrl + Shift + R	レッスン12
	送信	Alt + S	レッスン10
	転送	Ctrl + F	レッスン12
	返信	Ctrl + R	レッスン12
予定表の操作	予定表の表示	Ctrl + 2	レッスン25
	新しい予定の作成	Ctrl + Shift + A	レッスン26
	会議出席依頼の作成	Ctrl + Shift + Q	レッスン44
	[月]ビューの表示	Ctrl + Alt + 4	レッスン25
	[日]ビューの表示	Ctrl + Alt + 1	レッスン25
タスクの操作	タスクの表示	Ctrl + 4	レッスン35
	新しいタスクの作成	Ctrl + Shift + K	レッスン35
Windows10の操作	URLの全選択	Alt + D ／ F6	レッスン14
	アプリ画面の切り替え	Alt + Tab	レッスン3
	コピー	Ctrl + C	レッスン14、33
	終了	Alt + F4	レッスン6
	スタート画面の表示	⊞ ／ Ctrl + Esc	レッスン3
	貼り付け	Ctrl + V	レッスン14、33
	元に戻す	Ctrl + Z	レッスン14

索引

か

さ

た

な

は

ま

や

ら

索引

できるサポートのご案内

本書の記載内容について、無料で質問を受け付けております。受付方法は、電話、FAX、ホームページ、封書の4つです。なお、A. ～ D.はサポートの範囲外となります。あらかじめご了承ください。

受付時に確認させていただく内容

①書籍名・ページ
『できるポケットOutlook 2019 基本&活用マスターブック Office 2019/Office 365両対応』
②書籍サポート番号→500848
※本書の裏表紙（カバー）に記載されています。
③お客さまのお名前
④お客さまの電話番号
⑤質問内容
⑥ご利用のパソコンメーカー、機種名、使用OS
⑦ご住所
⑧FAX番号
⑨メールアドレス

サポート範囲外のケース

A. 書籍の内容以外のご質問（書籍に記載されていない手順や操作については回答できない場合があります）
B. 対象外書籍のご質問（裏表紙に書籍サポート番号がないできるシリーズ書籍は、サポートの範囲外です）
C. ハードウェアやソフトウェアの不具合に関するご質問（お客さまがお使いのパソコンやソフトウェア自体の不具合に関しては、適切な回答ができない場合があります）
D. インターネットやメール接続に関するご質問（パソコンをインターネットに接続するための機器設定やメールの設定に関しては、ご利用のプロバイダーや接続事業者にお問い合わせください）

問い合わせ方法

電話 （受付時間：月曜日～金曜日 ※土日祝休み 午前10時～午後6時まで）

0570-000-078

電話では、上記①～⑤の情報をお伺いします。なお、通話料はお客さま負担となります。対応品質向上のため、通話を録音させていただくことをご了承ください。一部の携帯電話やIP電話からはご利用いただけません。

FAX （受付時間：24時間）

0570-000-079

A4 サイズの用紙に上記①～⑧までの情報を記入して送信してください。質問の内容によっては、折り返しオペレーターからご連絡をする場合もあります。

インターネットサポート（受付時間：24時間）

https://book.impress.co.jp/support/dekiru/

上記の URL にアクセスし、専用のフォームに質問事項をご記入ください。

封書

〒101-0051
東京都千代田区神田神保町一丁目105番地
株式会社インプレス
できるサポート質問受付係

封書の場合、上記①～⑦までの情報を記載してください。なお、封書の場合は郵便事情により、回答に数日かかる場合もあります。

■著者
山田祥平（やまだ しょうへい）

フリーランスライター。独特の語り口で、パソコン関連記事を各紙誌や「PC Watch」（Impress Watch）などのWebメディアに寄稿。パソコンに限らず、スマートフォンやタブレットといったモバイル機器についても精力的に執筆しており、スマートライフの浸透のために、さまざまなクリエイティブ活動を行っている。

Twitter：https://twitter.com/syohei/

STAFF

カバーデザイン　伊藤忠インタラクティブ株式会社
本文フォーマット　株式会社ドリームデザイン
カバーモデル写真　PIXTA
本文イメージイラスト　ケン・サイトー
DTP 制作　町田有美・田中麻衣子

編集制作　株式会社トップスタジオ

デザイン制作室　今津幸弘 <imazu@impress.co.jp>
　　鈴木　薫 <suzu-kao@impress.co.jp>
制作担当デスク　柏倉真理子 <kasiwa-m@impress.co.jp>

編集　進藤　寛< shindo@impress.co.jp >
編集長　藤原泰之 <fujiwara@impress.co.jp>

本書は、できるサポート対応書籍です。本書の内容に関するご質問は、206ページに記載しております「できるサポートのご案内」をお読みのうえ、お問い合わせください。なお、本書発行後に仕様が変更されたハードウェア、ソフトウェア、インターネット上のサービスの内容などに関するご質問にはお答えできない場合があります。該当書籍の奥付に記載されている初版発行日から3年が経過した場合、もしくは該当書籍で紹介している製品やサービスについて提供会社によるサポートが終了した場合は、ご質問にお答えしかねる場合があります。また、以下のご質問にはお答えできませんのでご了承ください。
・書籍に掲載している手順以外のご質問
・ハードウェアやソフトウェアの不具合に関するご質問
・インターネット上のサービス内容に関するご質問
本書の利用によって生じる直接的または間接的被害について、著者ならびに弊社では一切の責任を負いかねます。あらかじめご了承ください。

■落丁・乱丁本などの問い合わせ先
TEL　03-6837-5016　FAX　03-6837-5023
service@impress.co.jp
受付時間　10:00 ～ 12:00 ／ 13:00 ～ 17:30
（土日・祝祭日を除く）
●古書店で購入されたものについてはお取り替えできません。

■書店／販売店の窓口
株式会社インプレス 受注センター
TEL　048-449-8040　FAX　048-449-8041

株式会社インプレス 出版営業部
TEL　03-6837-4635

できるポケット
Outlook 2019 基本＆活用マスターブック
Office 2019/Office 365両対応

2020年3月21日　初版発行

著　者　山田祥平＆できるシリーズ編集部

発行人　小川 亨

編集人　高橋隆志

発行所　株式会社インプレス
〒101-0051　東京都千代田区神田神保町一丁目105番地
ホームページ　https://book.impress.co.jp/

印刷所　図書印刷株式会社
ISBN978-4-295-00848-4 C3055

Printed in Japan